大学生艺术修养拓展丛书

服饰艺术赏析

胡小平　主编

清华大学出版社
北　京

图书在版编目（CIP）数据

服饰艺术赏析 / 胡小平主编 .—北京：清华大学出版社，2015（2023.7重印）
（大学生艺术修养拓展丛书）
ISBN 978-7-302-41189-5

Ⅰ.①服… Ⅱ.①胡… Ⅲ.①服饰美学－青年读物
Ⅳ.①TS941.11-49

中国版本图书馆CIP数据核字（2015）第184492号

责任编辑：王佳爽
封面设计：汉风唐韵
责任校对：王荣静
责任印制：宋　林

出版发行：清华大学出版社
网　　址：http://www.tup.com.cn，http://www.wqbook.com
地　　址：北京清华大学学研大厦A座　　**邮　　编**：100084
社 总 机：010-83470000　　**邮　　购**：010-62786544
投稿与读者服务：010-62776969，c-service@tup.tsinghua.edu.cn
质量反馈：010-62772015，zhiliang@tup.tsinghua.edu.cn
印 装 者：三河市君旺印务有限公司
经　　销：全国新华书店
开　　本：170mm×240mm　　**印　　张**：8.75　　**字　　数**：158千字
（附光盘1张）
版　　次：2015年11月第1版　　**印　　次**：2023年7月第5次印刷
定　　价：48.00元

产品编号：057955-01

序

随着社会的发展和人类物质生活的丰富，追求时尚已成为人们精神活动的重要内容，服饰又最能反映人们的这一追求。在服饰早已淡化蔽体御寒功能的当代，人们不仅仅注重时尚，更注重衣饰所反映出穿者的个性、修养、气质、身份、地位等，时尚、唯美、个性化已融入人们的精神生活。

当今大学生对美的追求与其所具备的贫乏的艺术知识相矛盾，他们在本学科的专业领域不断进步，但普遍艺术知识较为缺乏，艺术鉴赏能力有待提高。从服饰艺术鉴赏入手，让大学生接受必要的服饰艺术知识教育和艺术经典作品的熏陶，形成正确的服饰审美观念和欣赏情趣。具备良好的艺术鉴赏能力和较高的欣赏品位，有利于大学生综合素质的提高，可达到培养科学与艺术相结合的复合型人才的目的。

本书的编写以服饰产生的猜想讨论为起点，引起读者的阅读兴趣。接下来呈现了在中西服饰艺术历史长河中，各个历史时期的中外服饰艺术经典形象，使读者在比较中了解东方、西方传统服饰的艺术特征、演变，领略其艺术魅力，加深对服饰艺术的热爱。同时体验不同民族服饰文化，欣赏不同时代服饰艺术之美。通过对近代代表性服饰艺术作品、设计大师及品牌风格图文并茂的赏析性阐述，从而提高读者欣赏服饰艺术魅力的能力。

本书理论提纲挈领，阐述简明，使用亲切自然的大众化语言风格，力求以通俗的语言赏评服饰艺术，内容力求精练，理论结合实际，并且注重与新潮流、新时尚的衔接。

本书追求“好看”：笔者采取图文并茂的方式论述，配有大量典型、观赏性强的精美图片，具有较强的可视性、可欣赏性。既适合当作服饰艺术鉴赏选修课程的教材又适合作为大学生课后休闲读物，轻松提高艺术修养。

本书追求“实用”：编者在20多年服装艺术教育工作实践的基础上，根据大学生的接受能力、理解能力、知识结构等进行编写，切合学生需求，紧贴现代生活。可以作为学习、了解服饰艺术的一本工具书，提高服饰艺术水平，增强艺术鉴赏能力。

本书在编写过程中参考和吸收了国内外专家的研究成果，包括对部分具有代表性的作品图片引用，以此增强相关内容的说明性。在引用来源对应方面，恕不一一说明。在此，笔者深表谢意。最后，感谢华南理工大学门德来教授在百忙之中审阅此书，同时感谢清华大学出版社对于本书出版给予的大力支持、向参与编写的周亚、冯侠、蓝钊靖、赵妍等相关人士和稿件提供者表示衷心的感谢。

胡小平

2015 年 5 月 23 日

目　录

概　述

自远古流传至今的神话传说中，无论是东方神话中的盘古、女娲，还是西方神话中的亚当、夏娃，都是以一种裸露的体态出现。美丽伊甸园中，曾经纯真的夏娃，在蛇的怂恿下偷食了知善恶的果子，从而有了羞耻之心，便用无花果树的叶子遮住了自己的身体——这无花果树的叶子便是人类最早的衣服。

原始时期的人类凭借自身的体毛作天然防护，度过了冰河时期。随着气候、环境的变化和人类的进化，人类逐渐露出了身体的皮肤。为了适应周围不断变化的环境，他们必须使用某种东西来覆盖身体，这时服饰的出现就有了极大的可能。

大约在距今 10 万至 5 万年前，欧洲大陆上的原始人为抵御第四冰河期的寒冷，开始制作兽皮服装。一直到现在，居住在寒冷地区的爱斯基摩人依然使用毛皮制作服装来避寒。一些热带地区的居民，由于气候暑热，至今仍然保持着裸态生活。在一些高温、干燥的沙漠地区，人们也用服装蔽体来抵御高温和风沙，以避免人体水分的蒸发和强烈紫外线照射的伤害，而服装的作用恰恰起到了避免日光暴晒、保护皮肤的作用。

自古以来，服饰对原始人类来说有辟邪、象征、装饰等功能。在崇尚自然的原始人的思维中，对于科学这一名词没有任何概念，对于自然现象和神灵的恐惧、敬畏，促使他们相信万物有灵，进而在身上佩带自然界中比人更有神力的东西来驱妖避邪保护自己，诸如贝壳、石头、羽毛、兽齿等。他们相信，这些护身符具有肉眼看不见的超自然力量。这些做法无异于现在人们所

伊甸园中的亚当和夏娃

讲的精神寄托和自我心理暗示，当然也是服饰产生的雏形之一。

服饰在遮体避寒的同时，亦显示某种权利和地位。人们以各种披挂、配饰作为某种权利和地位的象征，或者功劳和罪过的记录；用野兽的皮、牙齿、骨骼做装饰来显示自己在狩猎中的勇敢和威武。鹰羽冠是印第安人特有的头饰，它是勇敢的象征，荣誉的标志，没有战功的人没有资格戴这种头饰。在中国，“垂衣裳而天下治”这一服饰制度借用其服装的形制、色彩、饰物等，区别不同的社会角色、身份和地位，同时在人们的审美意识当中，也懂得用一些饰物来装饰自己。达尔文曾经将一段红布送给一个翡及安的土人，看见那个土人不把布段作为衣着，而是将布段撕成细条缠绕在冻僵的肢体上当作装饰品。

由此可见，人们穿衣的理由是多元的，它是人类在社会发展过程中偶然的、不完全意识的产物。不同的社会生活环境会影响人们的穿衣行为和目的，这些服饰的存在也并不是独立的、个体化的，而是相互关联的。

人类漫长生活的演绎是一部源远流长的文明史，它记载着人们生活过程的轨迹。在我们现代的生活过程当中，在衣、食、住、行四大基本要素中，“衣”放在第一位。现代的服饰在遮羞蔽体、装饰美化、张扬自我、身份象征等方面，都是人们日常生活中不可或缺的。服饰伴随着人们完成各种生活状态，帮助人们实现各

现代原始部落人们的着装

种工作和生活的目的与追求。而在这既平凡悠久、又跌宕起伏的生活史诗中，服装是人类生活中一笔美丽而不可或缺的财富。本书从中外服饰发展演绎的脉络入手，以各个历史时期的中外经典服饰图例为佐证，叙述了服饰文化在发展演变过程中所受到的经济、政治、文化、艺术的影响，及其适应社会生活和发展的轨迹，彰显服饰文化的艺术魅力。在与阅读者共同回顾和欣赏古今中外服饰艺术精髓中，增进对服饰文化的认识与了解。

走入——中国服饰艺术篇

一、以礼为重

——等级分明的先秦服饰（公元前 21 世纪—前 221 年）

约公元前 21 世纪，在中华大地上建立了第一个奴隶制政权——夏代，由此，夏、商、周三代相继。春秋战国诸侯争霸，这是一个奴隶制社会从兴起、发展走向鼎盛时期，而最终被封建社会所取代的阶段。

据文献资料和出土文物分析，我国古代服饰制度的建立大约在夏、商时期，到了周代才得以完善。公元前 1046 年，周文王创立周代，主张“以礼昭天下”，严格礼仪治邦，用分封宗法制将“秩序”观念赋予社会，开创了以统治阶级的意志来规范社会秩序的先河。作为“礼”的重要内容之一的服饰，因其极具表象性而被当作“分贵贱、别等级”的工具，形成了区分等级的上衣下裳形制、冠服制度以及章服制度。这种按照人们的社会地位以及人与人之间关系制定行为规范准则，来维护一个稳定的社会秩序的方法被称为“礼制”。这一时期，因人的社会地位不同，对衣装饰物有明确的着装规定，以此辨身份、明贵贱，出现了“只认衣衫不认人”的现象。“礼制”不仅是帝王的治国依据，还影响了人们的服饰审美标准。认为美的服饰必须与上下等级相称，不能僭越，这也是先秦诸子所奉行的“为礼以奉之”思想在服饰领域中的具体表现。按照“礼”来规定人们的穿衣戴帽，任何

历代帝王像　阎立本

人的着装都不能违背礼规制度。

帝王的服饰是其尊贵地位的象征，蕴含了帝王拥有至高无上的权力，以及作为国家统治者所具备的智慧和能力。例如，帝王所穿的冕服是由“玄衣纁裳”和“冕冠”组成。上（玄）衣是象征未明之天的黑色，下（纁）裳是表示黄昏之地的赭黄色，具有天地相对的意思；衣服上还会有代表帝王稳重、决断等品质的“十二章纹饰”①。冕冠的形式是前圆后方象征天圆地方，冕冠向前倾斜，象征着帝王要向臣民俯就，惦记臣民、尊重臣民，这也是“冕”字的本意。

与帝王相比，平民百姓服饰的象征性、标志性意蕴有所减弱，但实用性功能却更趋明显，且灵巧多变、质朴自然。这一时期，随着劳动生产效率的提高，社会分工的深化，服装的形制也发生了几次变革。其中，“上衣下裳”制和“深衣”制，是汉民族服饰体系的两种最为主要的形制，两者的更迭是一个循序渐进的过程。

“上衣下裳”制是汉服体系中最为主要的服装样式，这种服饰结构被认为象征着天地秩序。上衣领开向右边，下身穿的裳实际上是裙，在腰部系着一条宽边的腰带，腹部再加一条像斧子形状的布（即蔽膝）用来遮蔽下体，是当时典型的上衣下裳的着装样式。

春秋战国时期，社会各阶层都从切身的利益出发，提出了众多的政治主张和哲学思想。就服饰而言，儒家旗帜鲜明提出，应按照“礼”来规定人们的着装，坚决维护西周社会的礼仪制度。然而，站在社会底层劳动者立场之上的墨家主张“实惠、尚用”，倡导“食必常饱，然后求美；衣必常暖，然后求丽；居必常安，然后求乐”的务实态度，此外还反对以消耗大量人力物力为代价

---

① 十二章纹饰是帝王冕服上所绣的装饰图案，十二章纹是指日、月、星辰、山、龙、华虫、火、宗彝、藻、粉米、黼、黻十二种图案。这十二种图案各有寓意：“日、月、星辰”代表光辉，“山”代表稳重，“龙”代表变化，“华虫”（雉鸡）代表文采，“火”代表热量，“宗彝”代表智勇双全，“藻”代表纯净，“粉米”代表滋养，“黼”代表决断，“黻”代表去恶存善。

云纹绣衣梳髻贵族妇女 （长沙陈家大山楚墓《人物龙凤》帛画）(左)
根据出土文物所绘制的商周时期贵族上衣下裳图　高春明绘（中）
战国锦缘云纹绣曲裾衣纹绘俑（右）

的繁缛华丽的服饰。“百家争鸣”的局面为服装样式的变化提供了有利的文化氛围，出现了深衣，并成为当时最流行的服装。

“深衣”从字面意思上讲，就是将身体深深地包裹在衣服里，是居家的便服，男女通用，备受当时人们的推崇。深衣区别于“上衣下裳”的特点就是上衣与下裳合为一体，却又保持一分为二的界线，故上下不通缝、不通幅。最智慧巧妙的设计，是在两腋下腰缝与袖缝交界处各嵌入一片矩形面料，其作用能使平面剪裁立体化，可以完美地表现人的体形，两袖也获得更大的展转运肘功能。古人称深衣“可以为文，可以为武，可以傧相[①]，可以治军旅”，以至于后世袍服、长衫等服装样式都是在深衣的基础上产生的。

配饰作为人们美化形象不可或缺的一部分，早在原始社会时期，就有用于装饰脖颈、发式的贝壳和串珠。商周时期，随着阶级的分化，制作精美的金属、玉器成为贵族身份的象征，而平民则没有资格佩戴玉石。这一时期的配饰品类繁多，有作为头饰的笄[②]，

---

① 傧相：古时称替主人接引宾客和主持礼仪的人。

② 笄：是一种长针，细的一端插入发髻用来固定头发，而露在发髻以外的部分则进行雕琢和镶嵌。

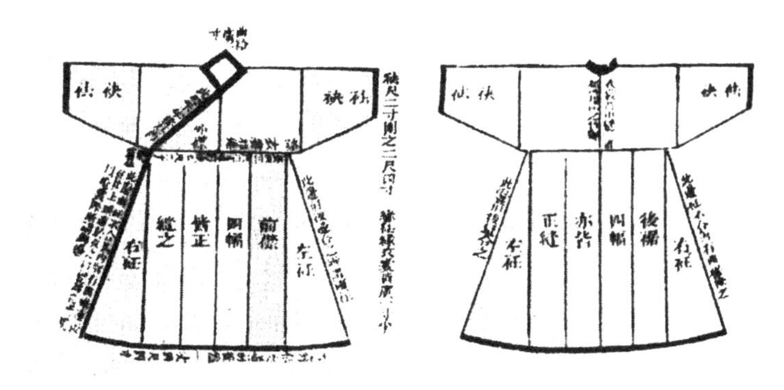

深衣复原图及裁剪结构　清代：江永

黄金嵌玉带钩（传世实物，原件藏于美国哈佛大学弗格美术馆）（左）

商周时期的女子喜欢将自然下垂的头发系扎，再佩戴精美的发饰。（中）

商代古笄饰品（传世实物，原件现藏上海博物馆）（右）

腰间佩戴的玉坠、带钩[①]、颈部佩戴的串珠等。

在这一时期，王权贵族阶层所穿的服饰材料都是毛皮、丝绸等，以体现上层阶级的地位，而一般平民只能穿本色麻、葛布衣或粗麻布衣，更为贫穷的只能用蓑草编织成衣服用以遮体。服饰纹样也异彩纷呈，有鸟兽动物，如龙、凤、朱雀等，也有花草藤蔓等。同时，帝王及贵族也会用大量的织锦和精美的刺绣作为礼品，用于各列国诸侯之间往来、结盟等。由此也促进了纺织、刺绣及高级工艺品的发展，使得这些精美的织锦刺绣服饰得以广泛传播。

---

① 带钩：是革带顶端用以束腰的装饰物品。

二、雄风振彩

——尚黑素雅的秦代服饰（公元前 221 年—前 207 年）

秦代是在冲杀和征战中，建立起来的一个伟大的封建政权，具有强大的军事实力和雄霸天下的气魄。秦国最初镇守峭山以西的地区，即现在的陕西、甘肃一带，与西北游牧民族杂居。严酷的环境使得他们在建国与扩张的过程中，经常和其他部族为争夺生存空间进行频繁的战争。少数民族强悍的民风对秦人产生了影响，使得秦人与少数民族一样，有了尚武倾向。商鞅新法奖励军功，鼓励民众在战争中建功立业，就是这种尚武风气的体现。

秦始皇统一六国后，在政治、经济、文化各方面，制定和采取了一系列新的政策，强化了国家的统一。废除了其他诸侯国地区的礼俗规章，其中也包括服饰制度。服饰仍然是一种阶级统治的工具，秦始皇废除了周代帝王有六套冕服的制度，仅仅保留“玄衣纁裳”作为唯一的冕服，并规定冕冠必须为六寸。

这里所说的“秦人尚黑”，是因为秦始皇尊尚阴阳五行学说。依据五行学说来分析，周代属于火，秦代是以水德才得以灭周而拥有天下，水对应的色彩是黑色，因此，他崇尚黑色，认为黑色是至高无上的、是尊贵之色。秦始皇时期，服装以黑色为主流色

身着黑色服饰的秦代男子。电视剧《大秦帝国》剧照

脑后垂髻、穿曳地长袍，领袖各叠为三层，名“三重衣”的秦代女子

彩，也会有其他艳丽的色彩服饰并存。秦代规定，三品以上的官员穿绿色的深衣，普通人要穿白色的袍服。强制犯罪人员穿赤褐色的衣服，从一定程度上可以将恶民和善民区分开来，同时，增强穿赤褐色衣服的犯罪之人的羞耻之心，从而令其改过自新。

由于秦代统治短暂，除了规范了服装色彩的使用外，并没有对服饰形制进行较大的改变，仍延续着战国时期的服装结构特征，主要有“上衣下裳”和“深衣”两种服装式样。丝与麻是秦代服饰的主要面料，贵族阶级穿着丝质服饰，普通劳动者必须穿麻布衣服。此外，秦代服饰在文史资料的信息极其贫乏，只能通过出土的文物寻求相关信息。

1974 年，在陕西省临潼市发掘的秦始皇陵中，可看到宏伟壮观、气势磅礴的秦兵马俑，这批文物的出土对研究秦代服饰具有重要的意义，是秦代服饰状态的写照。军服与劳动者衣装形制与

气势磅礴的秦始皇兵马俑坑　陕西临潼

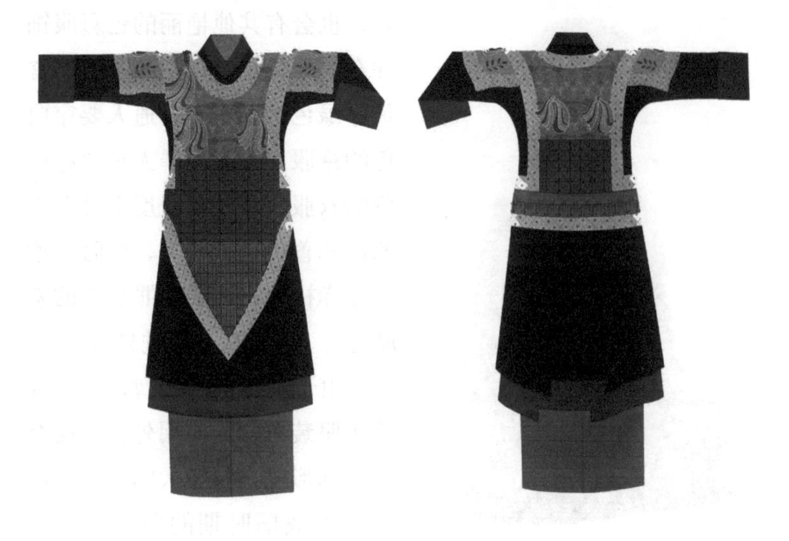

依据秦始皇兵马俑出土的将军俑所绘制的铠甲复原图 高春明绘

战国时无较大的差别，男女服装都是交领、右衽[①]、衣袖窄小，衣服边缘和腰带处都有彩色纺织品装饰，花纹精致。普通士兵的上衣长度至膝盖左右，左右衣襟为对称式、保持深衣的基本形制，衣外穿铠甲，下身穿裤子。从服装的结构上看，有别于当时“宽衣博袖”的服制，适宜于行军、骑马、打仗。

秦代兵马俑以各种标志和形制来区分将士等级。高级军吏，身穿双重长襦，下身穿长裤，头戴冠，外披彩色鱼鳞甲——这种铠甲只有临阵指挥的将军才可以穿着，胸前背后缀甲片，都绘有彩色几何形花纹，一般用质地坚硬的织锦制成，也有可能是绘有图案的皮革，铠甲的形状，前胸下摆呈尖角形，后背下摆呈平直形，周围留有宽边。但是，中级军吏，一般头部戴双板长冠，身穿铠甲，护前身的带彩绘花边的前胸甲，或甲片较大的带彩绘边缘的齐边甲。秦代兵马俑的帽饰和发饰各不相同，一般步兵发髻多向上而略偏右。鞋前端较长而微作上曲，翘起高度大小标志着等级高低，高度越高级别越高。整个秦始皇兵马俑根据军衔的不同，穿着不同的服装，但是在整体风格上却是统一的，表现了军人整洁大方的着装特点，反映出良好的军容军貌，勃勃英姿尽显军威。

① 衽：衣襟。古人以上衣掩下裳，衣上自胸前交领部分，向左掩谓左衽，右掩为右衽。中原习俗为右衽。

秦代兵马俑步兵蹲跪俑

从秦代兵马俑出土的人俑中可以看出，秦人喜欢在头部侧面挽髻，而胡须的样式和现在男子胡须样式基本相同

冠一直是我国古代用以区分社会等级差别的工具之一，有着极其重要的位置。士兵因为地位较低，不可以戴冠，大多数是挽髻的。这些陶俑是依照秦代人们的形象而制造的，可以看作是当时人物着装的缩影。这些发饰高低错落、疏密有序，在今天看来依旧具有美感。因为自古就有“身体发肤，受之父母，不敢毁伤，孝之始也”的说法，当时，只有犯了罪的人才剪发剃须，而且，胡须是男子美的象征。由出土的秦始皇兵马俑可以看到，秦代男子的胡须样式繁多，有络腮大胡子、有长须，最具特色的是八字须。胡须都经过了修饰和美化，是人们生活情趣和审美标准的外化，这些胡须的式样和如今男子胡须样式基本相同。

三、广袖深衣

——风姿曼妙的汉代服饰（公元前 202 年—公元 220 年）

公元前 206 年，汉高祖刘邦建立了汉代。汉初实行休养生息的政策，改变了经济凋敝的状况，发展至汉武帝时形成了“府库满、仓禀实”的富足景象，先后出现了“文景之治”、“光武中兴”的盛世。公元 220 年，东汉灭亡，汉代维护统治四百多年。

与先秦等级森严的服饰制度相比较，汉代的服饰制度是在一个较为宽松的社会环境中建立的。汉初，服饰承袭秦制，后颁布舆服制度。这个时期统治者对科学技术较为重视，制作工艺水平提高。各民族间以及国与国之间的文化交流日益频繁，整个社会的服饰发生了显著的变化，人们在服饰方面的创造力得到了极大的释放。男女服饰开始朝着各自方向发展，自成一格，

袖子宽博、绘有十二章纹饰的汉代帝王冕服，仍然沿用了玄衣纁裳的样式　高春明绘

西汉画像砖戴冠、穿袍服的文人

穿绕襟深衣、梳髻、插珠玉步摇，袍服垂地，衣襟盘旋而下的贵族妇女（汉代马王堆汉墓帛画）

并很快形成风格迥异的服饰美特点。同时，服饰中所蕴含的文化内涵及社会功用都得到了完善与普及，以至于汉代服饰影响了其后几千年汉民族的服饰形制，以后历朝历代都或多或少地继承和发展着汉代冠服制度。

我们在先秦时期看到的，是当时人们如何按照礼仪等级来安排自己的服饰，是否符合礼仪规范成了人们评价美丑的主要依据。而当我们通过文字或文物资料审视汉代人们的着装时尚时，发现，虽然等级的观念仍然深入人心，服装制度依然贵贱分明，但是，相对于先秦时期，已经较为宽松，而且服饰朝着丰富多彩的方向发展。此外，中国古代社会男女服饰上的性别

汉代戴长冠穿深衣的侍者（湖南长沙马王堆汉墓出土著衣木俑）（左）

曲裾深衣图（根据西安、徐州等地出土陶俑服饰复原绘制）（右）

直裾女服（长沙马王堆汉墓出土服装复原图）

差异，以及男女服饰因各自的风格不同所产生的差异，都是在汉代首先得以确认和肯定的。汉代最为通用的是“袍服”，上自帝王，下至百姓都可穿用。从出土的文物资料看，男女袍服的袖身部分都比较宽大，袖口被收小，形成一个鼓肚子。袖口紧窄的部分称为“袪”，袖子宽大部分称为“袂”，“张袂成阴”[①]就

① 张袂成阴：即张开袖子能遮掩天日，成为阴天。出自《晏子春秋·杂下九》。

是形容汉代袍服袖子宽大的成语。此外，男子袍服的色彩也比较单调，主要有青、红、黄、白、黑五种。和男子袍服比较，女子袍服不管是式样和色彩上，都更具有装饰性。女子袍服的上下边缘、领口、袖口部分都镶有与衣身迥异，质地较厚的边饰，既是袍服的周边骨架，也是一种重要的装饰。这种装饰的形状，将袍服分成曲裾袍和直裾袍两种服装形式。曲裾袍是指具有三角形的前襟和圆弧形下摆的长衣，裙裾从领部到腋下向后缠绕，类似曲裾深衣。与先秦时期的深衣相比，增加了绕襟的长度，下摆幅度增大，腰部围裹比较紧，一般以绸带在腰部将衣襟系住。直裾袍出现在西汉，兴盛于东汉，因为裤子和内衣的改进，直裾与曲裾相比穿着更为简便，逐渐代替曲裾袍，成为一种主流服装式样。但是，直裾袍最初时因为内部所穿的裤子没有裆，遮蔽不严实，不能作为礼服。

带花钗的汉代贵族女

头饰历来被人们所看重，自先秦时期，皇宫贵族就对冠服的搭配严格要求。当时民间广为流行的“男子二十而冠，女子十五为笄”，都反映了上古时期，人们就已经将头饰作为服装的一个

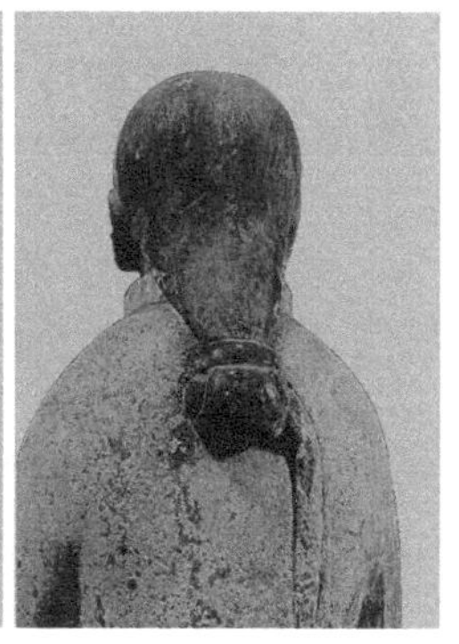

戴花簪的汉代女子（左）

汉代女子堕马髻发式（中、右）

重要组成部分。汉代依旧保留着“男冠女笄”① 的习俗，早先那种固发的插笄已不时兴，代之而来的是“头安金步摇，耳系明月珰”的华丽头饰。步摇、花簪是汉代女子重要的头饰，步摇是一种附在簪插上的首饰，上饰金玉花兽，并有五彩珠玉垂下，行走时随着身体颤动。女性戴上不仅增高了个子，而且还丰富了头饰，再配以华美的袍服，对突出女性的整体美具有很强的装饰作用。直到唐代，贵族女子仍然以步摇作为头饰。

四、雍容大度

——瑰丽开放的唐代服饰（公元 618 年—公元 907 年）

唐代是我国封建社会的鼎盛时期，诗歌、书法、绘画、舞蹈等艺术门类争奇斗艳，百花齐放，都取得了瞩目的成就，服饰也是其中之一。唐代服饰所展示的独特造型、精美纹饰、着装方式等方面，都达到了一个崭新的水平，是中国服饰艺术中的绮丽瑰宝，成为中国服饰文化史上一个重要的里程碑。

唐极为强盛和开放，首都长安是世界著名的大都会和东西方文化交流的中心，对外交流频繁，灿烂的华夏文化传向世界的四面八方。时至今日，我们还可以在世界上不少国家的传统服饰中，看到唐代服装的影子。唐代服饰艺术能有如此丰富而多样的拓展、能有如此奇异而唯美的创造，就在于唐代营造了一个平等容物、

穿短襦、长裙、配披帛的南唐时期女子 顾闳中《韩熙载夜宴图》局部

① 男冠女笄：指成年礼时，男子加戴冠，而女子用一个被称作笄的簪子，插住挽起的头发。

武则天穿着交领宽袖衣，带着众人出行，显得气度威严，相拥在武则天周围的女官大多穿着圆领袍，戴幞头男服 《唐后行从图》局部 唐 张宣

兼收并蓄的文化氛围。这使得唐代有着前所未有的宽容、宽松、宽厚的氛围，为唐代服饰的全面繁荣奠定了一个很好的基础。

灿若星河的唐代服饰可以概括为皇帝宠黄、胡服盛行、袒露成风、女子穿男装等特点。

唐代建立之初，沿用隋代的冠服制度。直到公元624年，唐高祖李渊颁布了旨在规范服饰制度的新律令，即“武德令”，对皇帝、皇后、皇太子、皇太妃、群臣、命妇等服装的配套方式、服饰质料、纹饰色彩和穿着场合都做了相应的规定。“黄袍加身”成为帝王的象征，皇帝常服为黄色圆领袍。唐代认为黄色和太阳的颜色相近，而太阳又象征了皇帝的尊贵，自古素有“天无二日，国无二君”的说法，所以黄色除了帝王外，一般人不可以穿用。从此，黄色一直是皇帝的象征。

唐代士庶、官宦男子普遍穿着圆领袍，这是唐代最流行的服装款式。一般为圆领、右衽，领、袖、襟处有缘边，文官衣长至

穿襦裙女子与圆领袍衫的士人　南唐　顾闳中《韩熙载夜宴图》局部（左）

穿半袖、窄袖短襦和长裙，脚穿高头履，额头贴花钿女子（新疆吐鲁番阿斯塔那出土绢画）（右）

脚踝或及地，武官衣长略短，在膝盖处。唐代文人吟诗斗酒、骑马郊游，为了行动方便，在袍衫的两边开衩，称为“缺胯袍”，也称为“开衩”，这种袍衫在后世也普遍沿用。与圆领袍衫搭配的首服是幞头①，唐代中后期，发展成为一种帽子。

唐代的女子服饰样式异彩纷呈，妆容别具一格，使得唐代女子显示出浪漫开放、婀娜多姿的形象。襦、衫、裙、半臂②和披帛③是这一时期最为常见的女装，此外，唐代女子还喜欢穿胡服和男装。唐代仕女礼服形制主要承袭汉代的式样，穿着适身合体的广袖大衫，有交领和直领之分。内衬素纱，身穿高腰长裙，裙摆拖地少许，腰部束带，腰前系着蔽膝，佩绶带、佩玉，肩部披锦，足登高履或软皮靴。

这一时期的女子常服品类繁多，借助流传下来的绘画、壁画

① 幞头：以巾裹头，用桐木、丝葛、藤草、皮革等制成固定型，使裹出来的形状饱满，定型较罗帕而言，较为持久。

② 半臂：一种袖长及胳膊肘部的短袖衫，又称为半袖。

③ 披帛：一种披挂于双臂的飘带。

曲眉丰颊，体态肥硕，身着短襦、长裙、披帛的贵族女子 《捣练图》局部 唐代 张萱

身穿大袖纱罗衫、云髻高耸的贵族女子《簪花仕女图》局部（左）
梳回鹘髻、戴金凤冠，穿回鹘装的晚唐贵妇（甘肃安西榆林窑壁画）张大千临摹（右）

梳着堕马髻的贵族女子
《虢国夫人游春图》局部 唐代 张萱

1. 面靥妆
2. 花钿妆
3. 花黄妆
4. 花钿妆

和诗歌，我们可以还原唐代女子风姿。

以露为美的服饰观念，到唐代中后期达到顶峰。妇女以露为美，服饰不仅将脖子全部露出，而且连胸部也处于半遮半掩的状态，可以用“惯束罗裙半露胸”来描述。这就是展现唐代女性人体美的罗衫裙，它以薄纱为料，宽松博大，穿起来飘逸舒展、肌肤毕露，其暴露性和装饰性都堪称中国古代服饰史上的奇观。唐代周昉所绘制的《簪花仕女图》中的女性所穿的就是大袖纱罗衫，画面描写一群服饰艳丽的贵族妇女在庭院里游戏、赏花的闲逸生活。

除浪漫开放的襦裙装外，很多女性以着胡服或男装为时尚，这一时期的胡服以回鹘装最为流行。回鹘是维吾尔族的前身，是唐代少数民族中比较强盛的一支。和中原地区的传统服饰相比，胡服以窄身合体的上衣和裤子组成，紧凑利索，更适合肢体活动。从留存至今的甘肃榆林壁画可以看出，回鹘装颜色大多是红色织锦，绚烂夺目、熠熠生辉，并且在领、袖边缘镶有宽阔的织金锦花边，和衣身的颜色形成强烈对比。穿着这种回鹘装通常将头发挽成锥状，称为回鹘髻。在发髻上戴一顶缀满珠玉的桃形华冠，鬓角插簪钗，脚上穿翘头锦鞋。

唐代女子不仅服装雍容富丽，发髻和妆容也独具特色，成为我国古代仕女形象中独特的一道风景。在《虢国夫人游春图》中，我们所看到的贵族女子发髻被称为"堕马髻""花髻""螺髻""惊鹄髻""半翻髻""双环望仙髻"等，这些发髻，在唐代很兴盛，成为女性相互比美的一种表现形式。

唐代的面妆形式也是历代少有的，对女性美的评价标准独树一帜，具有鲜明的特点。"桃花妆""酒晕妆"都是唐代盛极一时的面妆，桃花妆是在面部先敷白粉，使皮肤白皙光滑，然后用胭脂在手掌中调匀后再涂于两颊部位，呈现渐变状的红色。因为这种白里透红的妆容像盛开的桃花，因而得名。此外，唐代妆容特色之一，就是对眉毛的刻画。有形如柳树叶子的柳眉，形如弯月的月眉，也有的干脆将原有的眉毛剃掉，再根据当时流行，画上或宽或窄、或长或短的各种眉形。这些眉形可以说是中国古代女子眉形最为特殊的样式，仅仅在唐代流行过。

五、风物昌熙

——人文毓秀的宋代服饰（公元 960 年—公元 1279 年）

公元 960 年，后周大将赵匡胤"黄袍加身"建立宋，结束了五代十国混乱动荡的局面。宋加强了中央集权，解决了潘镇割据的问题，政治较为廉明，科技发展迅速，经济空前繁荣，是中国历史上最为富强的朝代之一。这期间，科学、教育、文化事业得到了长足的发展，文人志士层出不穷，纷纷投身到文学、艺术等

戴束发冠，穿对襟衫的士人　赵佶《听琴图局部》（左）

扎巾、穿袍衫的士人　宋人《松阴论道图》局部（右）

领域。使得宋代形成了保守、内敛、温婉秀丽、色彩淡雅的审美趣味，与唐代的服饰审美观形成鲜明的对比。

宋代初期以恢复古制为宗旨的服饰制度，希望通过服饰的式样、色彩、质料、装饰等方面来体现社会等级观念。宋代的服饰是在唐末五代奢华富丽的基础上起步的，前代遗风尽管能给感官以美的刺激，却难免因过于浮泛而给人华而不实的感觉。作为一个新兴政权出现的宋代，推崇古朴美的服饰时尚，也反映出宋代对"美与礼"关系的态度，即美的服饰不在于多么华丽，而在于合乎礼的规范。务从简朴、反对奢华，一直是宋代统治者孜孜以求的服饰审美境界。

宋代的服饰审美观念，也受到以程颢、程颐和朱熹为代表的理学思想的影响，强调"三纲五常，仁义为本"和"存天理、灭人欲"，以严格的道德规范约束人的行为。在服饰上，宋代文人提倡自然、简约、淳朴，反对奢华艳丽。另外，儒、道、佛三家的思想在宋代社会发展中相互交融，相互取长补短，都从注重外部事物转向注重内心修养，在思想层面上开始了有机融合，极大地影响了宋代文人士大夫的价值观念与处世心态。反映在服饰方面，他们在日常生活中更喜欢选择能够代表个体意趣、体现自身喜好的舒适宽大的道家长袍，于是具有"道袍"特征的服饰成为当时流行的着装样式。穿着宽博且长至曳地的衣饰，行走于山

戴直角幞头的皇帝　南薰殿旧藏《历代帝王像》（左）

体型颀长，穿褙子的贵妇　宋人《瑶台步月图》（右）

水自然之中，具有仙风道骨、闲云野鹤般洒脱的气质。这种飘逸之美、自然之美与宋代士大夫服饰的简洁、审美趣尚的儒雅是吻合的。

宋代男子喜欢穿衫，袍衫是这一时期最具代表性的服装。衣袖宽大的袍衫在唐代就被广泛穿着，但是成为主要的服装式样是在宋代。穿圆领袍衫头戴直角幞头，幞头直角的伸长据说是为了让大臣们在朝廷上站班时相互保持一定的距离，避免在朝廷上窃窃私语、交头接耳、互通消息。儒生所穿的袍衫也会与东坡巾相配，相传是大文学家苏东坡设计的。

程朱理学提出“存天理，灭人欲”的禁欲主义思想观念，他们主张：寡妇不能再嫁，“饿死事小，失节事大”。这种社会氛围对宋代女性的成长、发展产生了深刻影响，使得女性的审美观念完全不同于盛唐时期。对于女性的审美标准，唐代多以丰满肥腴为美。宋代以后，多以瘦削为时尚，喜欢柔弱、纤巧的女子，从而也改变了女性的审美观。娇小瘦弱被视为美，身材高大的女子常常遭到讥讪。这种审美观使宋代服饰特点崇尚瘦长，服色淡雅，如白色、鹅黄、粉红、淡绿等柔和的色彩。“白襦女儿系青裙”是陆游在《村女》一诗中对女性的描写，此外，苏轼在《于潜女》中用“青裙缟袂于潜女”塑造了一位超凡脱俗、质朴清新的女子，可见当时素雅的着装备受文人墨客的推崇。

插簪钗首饰、穿短襦长裙的贵妇及穿袍服的侍女　宋人《半闲秋兴图》

在鞋文化里，中国有着世界上独一无二的现象——三寸金莲。冯骥才在其小说《三寸金莲》里有评述：“小脚一双，眼泪一缸”，总结了缠足对女性的束缚与压迫。关于缠足风俗的历史起源有诸多说法，有说是始于秦代，也有说是源起于隋炀帝时期。

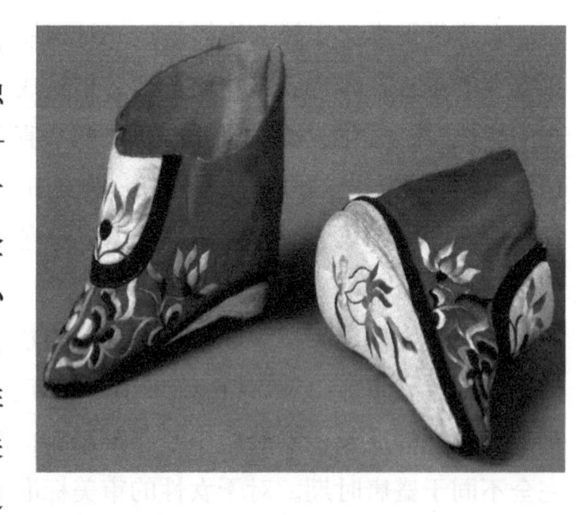

鞋底和鞋面都有精美纹饰的三寸金莲(复制)

虽然缠足起源很早，但是真正成为一种风俗流传开来是在宋代，这和当时的封建礼教制度是分不开的。女子着装越来越保守，千缠万裹的小脚不仅抹杀了女子的天性，而且限制了女性的自由。在接下来的一千多年里，不仅贵族女性缠脚，就连越来越多的平民女子也需要缠脚，由此产生的“三寸金莲”的小脚鞋丰富多样、造型新颖，绣花及纹饰精巧繁复、材质考究。

六、逐鹿中原

——质朴包容的元代服饰（公元 1271 年—1368 年）

元代是由蒙古族领袖忽必烈于 1271 年在大都（现北京）建立的大一统政权，它辽阔的疆域一直延伸到欧亚大陆，囊括了众多的民族。作为一个由少数民族建立的多民族国家，民族间相互交流，彼此杂居，无疑促进了民族文化的彼此融合和再发展。元代呈现出不同于以往的新面貌，出现了少数民族服饰与传统的汉唐服饰相抗衡的局面，这段历史时期的服饰风尚出现了前所未有的新特点。

从草原中走来的蒙古族，以游牧为生，注重武力征战，没有汉民族积淀深厚的纲常伦理，不受任何模式常规的限制，较易容纳和接受新生事物。所以早期的元代服饰，没有分明的贵贱等级，也没有繁缛累赘的礼规制度。由此来看，元代服饰具有存天然，去雕琢，开放包容的显著特点。

素来游牧的蒙古人，是在“胡服胡帽”的装束下进入中原的。他们的服饰不像中原那样追求外在的精装细饰，而是简朴实用、随意无束，有着北方少数民族特有的粗犷、坦直与豪放。元代的蒙古族男女均以长袍为主，穿长裤。在进驻中原后，男人的袍服以毡、毼、革等毛皮材料。随着蒙古和汉族相互融合，蒙古人才渐渐大量使用丝织品和棉织品来制衣，但在冬季为了御寒，还是会大量使用皮毛来制作袍服。

画中有人物穿宋代样式的袍衫，也有人穿蒙古传统服饰“辫线袄子”（元代山西右玉宝宁寺水陆画）

“质孙服”是元代最为主要的服装式样，又称“只孙”“济孙”，汉语译作“一色衣”。“质孙服”是上衣下裳相连，左衽领口，上衣合体，裳较为宽松，在裳内穿小口窄裤，穿长皮靴。这种装束便于乘骑，是蒙古族最普遍的着装样式，使用范围很广，除帝王，文武大臣，贵族等上层社会的人士都可以穿着。根据穿着者身份地位的不同，对制作材料的粗细和装饰上予以区分。“纳石失”也叫“织金锦”，是指以一种用金线显示花纹从而形成具有金碧辉煌效果的织锦，它作为元代最为高贵的面料，只有帝王和蒙古族权贵才能使用。“质孙服”到明代却被用作差役服装，前一代的华服变成后一代的贱服，历史上并不罕见，是改朝换代影响服饰变化的一种必然现象。

戴锦帽、穿棉袍的元世祖像南薰殿旧藏《历代帝王像》

元代男子也喜欢穿“辫线袄”，它产生于金代，大规模的使用则在元代。一般作为骑服、戎装，是一种上下分开裁剪，在腰部缝合时，形成许多细密褶皱的服装。“辫线细褶”是辫线袄区别于普通袍子的标志，辫线是用彩丝搓捻成股，并行地横缀于腰间，褶皱上缝有纽扣。此外，袍襟上也有大量细密的褶皱，这样制作的衣衫有一定的伸缩性，既可以作为装

穿皮毛服的帝王及穿锦袍的侍臣　刘贯道《元世祖出猎图》

穿着辫线袄的牧马人　赵雍《人马图》元代

饰，又可以用其束腰。这种服饰一直沿袭到明代，不仅没有随着大规模的服制变易而被淘汰，反而成了上层官吏的装束，连皇帝、大臣都爱穿着。因元代文人（儒生）多是汉族人，服饰形制一般以汉人服饰为基础，仍保持宋代的服饰特征。这些文人一般对蒙古族入主中原感到不满，清高、崇古的风气盛行，儒生通常还是穿着宋代交领袍，戴儒巾。元代民间蒙古族和汉族各自保留了自己的传统服饰。

戴幞头、穿圆领袍的官吏（山西洪洞广胜寺壁画）

元代女子服饰由于民族的差异与隔阂，有蒙制与汉制两大类型。汉族妇女基本保留了宋代服饰的形制，蒙制女装最具特色的服装是“顾谷冠”制服装，为元代贵妇所戴用。叶子奇《草木子》称：“元朝后妃及大臣之正室，皆戴姑姑，衣大袍。其次即戴皮帽。”孟琪《蒙鞑备录》

顾谷冠、穿交领织金锦袍的皇后南薰殿旧藏《历代帝王像》(左)

交领织金锦袍图（根据敦煌壁画元代供养人服饰复原绘制）(右)

也称，妇女“所衣如中国道服之类。凡诸酋之妻则有顾谷冠，用铁丝结成，形如竹夫人，长三尺许。——又有大衣袖，如中国鹤氅，宽敞曳地，行则两女奴曳之”。可知元代贵妇服饰的基本特征：一般身份较高的妇女，都带顾谷冠。冠体后方有披覆，缝制在顾谷冠的帽子上，下垂披在肩部，以遮挡风沙。普通妇女则戴皮帽，身上所穿的服装，无不宽广博大。长度大多垂足，一边扫地，以致在行走时，不得不由奴婢在后跟着托起。敦煌壁画绘元代供养人形象，就有这种情况。汉族妇女尤其是南方妇女就不带这种帽子，“江南有眼何曾见，争卷珠帘看姑姑”，元代灭亡之后，这种帽子就销声匿迹了。

七、礼制回归

——端庄典雅的明代服饰（公元 1368 年—1644 年）

明代是中国封建社会最后一个汉族政权，所以明代的服饰应该说是集汉服于大成的一个时代。皇帝朱元璋对冠服制度进行了一次大的调整，将明代主要衣冠制度确定下来。他废弃了元代的冠服制度，并依据汉族人民的习俗，结合历代服装的特点，历时三十年完成了新冠服制度的制定。

在明初，统治者恢复一度衰落的儒家文化，提出全面复古的主张，恢复被蒙古统治者冲击的汉族传统礼制，更多的是对唐宋服饰的继承，在此基础上稍加变动。所以明代的服饰体现的是一种严格封建的等级制度，从文武官员的祭服、朝服等；从服装的颜色、冠帽的形式；从纹样图案的搭配到花钿霞帔等服饰配件都作了详细说明与规定。如明代对官吏的常服作了新的规定，凡文武官员，不论级别，都必须在袍服的胸前和背后缀以一块方形补子，文官用禽，武官用兽，以示差别，这是明代官服中最有特色的装束。在色彩上，黄色还是皇室的专用色彩，但由于明代皇帝姓朱，所以，朱为正色。在明代画像中，可看到着朱色的袍服，但是仍然以黄色为帝王朝服颜色。

戴乌纱折上巾、穿盘领窄袖、绣龙袍的明代帝王像（南薰殿旧藏《历代帝王像》）

文一品官补服图（根据史籍记载和插图以及传世物复原绘制）

戴四方平定帽，穿大袖衫的士人（名人肖像画）（左）

以色彩著称，用不同花色的布料相互拼接的水田衣（根据明清侍女画复原绘制）（右）

在朱元璋时期，六合一统帽与四方平定巾颇为流行，取“四方平定，六合一统”的吉祥寓意。四方平定巾是一种硬裹方巾，外形为四角，上方加一瓦状帛片作为装饰，这是明代文人最为典型的帽饰。身穿交领右衽大袖襕衫，衫长及地，领部饰有黑色襕边，腰束丝绦，佩玉，足穿平底履，这也是文人士大夫居家的常服，在戏剧中文人的形象多以此为原型。

到了明代晚期，服饰之风一反明初的简朴，从富商到高官再到民众，都开始追逐华丽、奢侈。同时，明代发达的手工业为这种需求也提供了技术保障，从而使明代女性服饰具有了华丽之美的内容。明代服饰的华丽之美主要体现在：一是缎的流行，缎虽早已出现，但明代发达的丝织技术使缎料图案更复杂更精美；二是凤冠霞帔，因为凤冠[①]和霞帔[②]的华丽精致，成为明代女装华丽之美的典范和极致表现；三是服饰色彩上的不同，明代染色技术发达，色彩种类繁多，同时，人们的服饰在色彩搭配上更加大胆鲜亮。

明代女子服饰多沿袭宋代，喜欢瘦身适体，多穿襦裙装和长比甲。与宋代相比，明代的襦裙装只是在腰间多了一个中裙，这

---

① 凤冠：是指古代后妃、命妇的冠饰，饰有凤凰式样的珠宝，故称为凤冠。

② 霞帔：古代女子礼服，类似现在的披肩。在狭长的布帛上面绣上云凤花卉，由领口绕至胸前，下垂至膝盖，底部垂挂玉坠。饰有艳丽的纹样，寓意形如彩霞。

身着凤冠、霞帔的孝亲曹国长公主朱佛女画像（左）

清代画家冷枚所绘《连生贵子图》中穿明代服饰的女子和儿童（中）

身穿褙子、衫、裙，面部敷“檀晕妆”的女子《孟蜀宫妓图》局部　明代　唐寅（右）

样便于肢体活动，在明代流传仕女画作中常看到这种装束。明代的褙子，也称为披风，是一种由半臂或中单演变而成的上衣。多为合领或直领对襟，衣长与裙齐，左右腋下不缝合，多罩在其他衣服外面，衣襟敞开，两边不用纽扣，有时以绳带系连，有宽袖、窄袖之分。

明代女子妆容和宋代较为相似，喜欢淡雅秀丽的妆容。明代唐寅《孟蜀宫妓图》中，女子所绘的就是“檀晕妆”。将美白铅粉和红色的胭脂调和成檀粉，敷在脸颊处，使面颊中间微红，逐渐向四周晕染的形象。并且在额头处敷较多的铅粉，使额头白皙细腻。眉形多是细而长的柳叶弯眉，再将头髻梳成扁圆形状，并在发髻的顶部，饰以各式各样的珠玉发髻及发簪。发簪是明代女子常用的饰物，直到清初，仍为女子们钟爱。

明代金玉珠翠发簪、簪钗（传世实物）

八、剃发易服

——窄袖筒身的清代服饰（公元 1636 年—1911 年）

清代是继元代后，第二个统一并统治中国的少数民族。清代的满族人原是尚武的游牧民族，长期的游牧生活，与汉民族以定居农耕为主要生活方式有很大的差异。满族人进入山海关后，给中国带来的不仅有满族的统治，也带来了新的服饰制度和文化。在随后的两百多年里，中国男人留起了长长的辫子，中国的女人则穿上了满族旗袍。衣身修长、衣袖短窄的满族服装取代了中国数千年的宽袍大袖、儒裙盛冠。

满族最高统治者一直对自己的民族服饰有着特殊的理解——不仅看成是祖上遗存，同时也是为自己之所以能屡战不败。得以开拓疆土、奠基立业的一个重要原因。入关后，统治者始终把在汉民族中改服易制作为巩固政权、降服民心的大事。并采取了一系列强硬的措施，颁布“留头不留发，留发不留头”的诏令——剃发令，钦定《服色肩舆条例》颁行，从此废除了具有浓厚汉民族色彩的冠冕衣裳。

然而剃发令在执行过程中遭到了汉族人民的强烈抵抗，汉族人认为“身体发肤受之父母，不可毁伤”，于是喊出了“宁可断头，绝不剃发”的口号。拒绝剃发的汉人遭到杀戮，有些地方还因此引发战乱。为平息事态，缓和矛盾，清政府被迫采取妥协

佩戴披领、挂朝珠、戴暖帽，穿马蹄袖皇袍的清代帝王像

绣有禽类的清代文官补子

政策，即“十从十不从”。清代的服饰制度，就是在袭祖制与顺时势的矛盾下形成的。但是汉民族几千年的服饰文化并没有因此而终止，在不少方面还是被清统治者采纳了，上自皇帝的龙袍下至文武官员的礼服标徽，以及普通老百姓的服饰样式，都可以看到汉族服饰的形象。

清代男子以长袍、马褂、马甲、裤子为主，用窄袖筒身代替了汉制的宽衣广袖，用纽襻代替了汉族的绸带连接衣袍两襟的方式。出现了领衣与披领，这是因为清代男装一般没有领子，所以在穿官服或礼服时所加戴的领饰。通常清代男子主要穿长袍马褂，马褂穿在长袍之外，右衽，袖长至手腕，袖口马蹄袖[①]，袍衫紧窄，袍服长度到脚踝处。为了适应满族人骑射的需求，袍衫多开叉，皇族用四衩，官吏士庶开两衩，显示其等级贵贱。官服的长袍胸前缀有补子，亲王、郡王、贝勒用圆形补子，其他贵胄和文武百官用方形补子，补子的鸟兽图案和等级顺序与明代略有差异。

清代的贵妇也使用补子，所绣纹样依照丈夫或儿子的品级确

---

① 马蹄袖是指在窄袖口上加一块半圆形的袖头，平日里卷起来，形状类似马蹄，因此称为马蹄袖。马蹄袖在冬日骑马出行时可以放下，覆盖手背，用来御寒。

身着汉族服饰的满族胤禛皇妃　清《胤禛妃行乐图屏》（左）

梳旗髻穿长袍、马甲、旗鞋的贵妇（中）

穿着长袍、马褂的年轻男子（右）

梳旗髻，穿长袍、马甲的满族贵妇（左）

穿大襟长褂、长裙，戴簪花的妇女（传世图照）（右）

定。但是，女性的补子图案只有禽鸟，不用猛兽，表示女性崇文而不尚武。长袍外有时还会再罩一件马甲，满族妇女也喜欢这种装束，有大襟、对襟、琵琶襟等形制，长度至腰际，并饰有各种花边。

清代初期，由于“十从十不从”规定了“男从女不从”，所以满汉两族女性基本保持了各自的服饰特色。汉族女子基本沿袭了明代的服饰形制，上身穿褂，下身穿裙。随着时间的推移，满汉两族之间服饰也逐渐相融合。

长褂是汉族的衫受到满族服饰影响而形成的一种新样式，称为大襟长褂。合领右衽，融合了满族服装的高领和宽缘花边，宽口袖，长至手腕。褂身宽大，衣长及膝。平时长褂内穿长裙，脚

戴指甲套的女子（传世照片）

樱桃小嘴、梳“一字头”发式的满族贵族妇女

穿尖头绣花鞋。裙多以长裙为主，系在长衣内，样式丰富多样。

旗袍是清代满族主要服式，既是礼服，也是常服。高领或合领，右衽开襟，襟边与袖口有宽缘花边作为装饰，袍长及足，两侧开衩，右侧开叉处也有宽缘花边。主要着装形象为：女子发梳平髻，两侧大拉翅或架子髻，身穿旗袍，足穿“花盆底鞋”①，行走时婀娜多姿，是当时满族女子的典型形象。

在清代，女子们的妆容大多是承袭旧制，依然以樱桃小嘴为美，她们用胭脂将上唇涂满，下唇仅仅在唇中间用一点红色，似一颗樱桃。在清代后宫，大多数宫嫔后妃都这样装扮。清代女子喜欢修剪指甲，并用鲜花或染料对指甲进行修饰。喜欢使用雕琢华丽的指甲套，不仅使手指更加修长，还可以用金属和玉石、珠宝进行装饰，更可以保护自己的指甲不受伤害，可以说是清代贵族女子不可或缺的装饰品。

自嘉庆年以后，清代女子的服装几乎毫无变化，裙几乎成了唯一的女装。张爱玲对这种情形感慨道：“我们不大能够想象过去的世界，这么迂缓，安静齐整——在清三百年的统治下，女人竟没有什么时装可言！”

---

① 花盆底鞋：鞋底中间高，约有三四寸，高时有七八寸。鞋底用木制成，外包白布，有钱人家用绸缎做鞋面，一般人则用布做鞋面。鞋面上都绣有花鸟纹饰。

九、西风东渐

——承袭转变的民国服饰（公元 1911 年—1949 年）

鸦片战争一声炮响，打开了中国闭关锁国的大门，中国近代社会在动荡屈辱中拉开了序幕。清王朝的根基在政治和经济上受到巨大动摇，日益加剧的民族矛盾，使一大批民族资产阶级的先驱人物开始探索救国救民的途径。1911 年，孙中山先生领导的辛亥革命爆发，这一场顺应历史潮流的革命彻底推翻了清代的封建专制统治，确立了民主共和制，中国数千年的封建统治历史到此终结。

清末民初，外来文化的大量涌入，留洋归来人员身体力行，给中国带来了一股新风尚。就服饰方面而言，逐步打破了清社会以长辫大袍为特征的服饰样式。民国初年，社会上便开展了轰轰烈烈的剪辫放足易服运动。新气象与旧风貌并存，在服饰革新的潮流中，不再沿用传统的“冠服”制度，民国服制的外形采用了中西合璧的新式设计。

1912 年，民国政府颁布了《民国服制》，这是民国时期第一个详细明确的服饰条例。此条例将西式服装大胆地引进中国，这种与国际接轨的服装形制，受到各种报刊的广泛宣传。国内的洋行买办、银行职员、富家子弟、社会名流等热衷追随时尚，从而引发了民众流行穿着西装，时髦人还讲究头戴礼帽，脚蹬皮鞋。

穿西装与新式旗袍的末代皇帝溥仪与他的妃子（左）

身穿棉质长袍、缎面马褂、下着裤脚用绸带系扎的宽松长裤或头戴瓜皮小帽是男子的常见装束（右）

身着西式礼服与裙装，戴礼帽的时髦夫妇（左）

身着旗袍、齐耳短发三姐妹（中）

穿文明新装的女子（右）

社会变革的同时，女性服饰也在迅速地发生变化。借助“改元易服”之机，首先开始了简化，对传统上衣下裳的裙袄装和旗袍进行了改良。与此同时，女子剪发之风也随之而来。

民国初年，西方教育模式的女子学堂兴起，五四新文化运动使青年女子服饰更趋简约朴素，女子们首先剪去烦琐的长发髻，因盘髻、饰金珠翡翠费时费力，还颇费金钱。最根本的原因是，随着社会的进步，都市妇女逐步走向社会，从事适合妇女的工作，而盘发髻在工作中不便利。这个剪发之风，也直接导致了“五四”时期出现了既简洁而又有时代风格的袄裙，合身修长的高领衫袄和黑色长裙相配，袄裙基本不施绣纹，被誉为“文明新装”①的装扮。

这股文明新装热潮，首先在北京、上海、广州的女学生中兴起。最初只是留洋的女学生和本土教会学校女生穿着，之后蔓延至其他地方的女性，不久连家庭妇女也脱下了传统的镶滚彩绣衣衫，换上一身朴素的服装。到了五四期间，白色运动帽、宽大短袖的白布衫，过膝黑色长裙成为了全国各地女学生的标准装扮，不少学校还将其定为女生校服。白衫或浅色衫搭配黑色裙子，成为当时的典型色调，去掉了传统袄裙的繁缛装饰。穿着这种服装的女子，头上不佩戴耳环、发簪等饰物，手上也不戴戒指，以示进步、开放。

---

① 文明新装：不戴簪、钏、耳环，手指不戴戒指，上身朴素，下着不带花边绣纹的黑长裙。

身着新式旗袍的女明星（左）

民国时期穿旗袍的女子（月份牌广告）（中）

身着中西结合的服饰、剪短发的新式女子（右）

辛亥革命后，民国制定的《服制条例》规定，女性礼服为旗袍和袄裙，旗袍成了女性的“国服”。旗袍原是满族女子日常所穿着的长而直的袍，初期的旗袍宽而无须开叉，没有收腰。由于西方服饰文化传入中国，西方表现身体曲线美的着装深深影响了中国女子服饰。约从 20 世纪 20 年代起，旗袍长度逐渐缩短、体积变小，腰身开始收紧，东方女子端庄含蓄的形象更加鲜明。从此，改良旗袍开始兴起。20 世纪三四十年代，是改良旗袍流行和变化的黄金年代，上至明星名媛、下至工厂女工，女学生们都喜爱旗袍配高跟皮鞋的打扮，一时间明星名媛为旗袍流行演绎当起了模特代言人。加上月份牌广告女性的引领，旗袍更入佳境，形成具有海派文化特点的民国典型服饰形象，书写了中国现代服装史上的辉煌一页。

配饰一直是时髦女士生活中重要的一部分，在西方服饰文化的影响下，高跟鞋、胸针、胸花和手表等配饰为中国女子所接受。头花、蝴蝶结、发夹、发圈也常见于人们的头饰中，人们将漂亮的丝带挽在发髻上，再佩戴各式的头花，在晚装或者旗袍的映衬下，更显得妩媚光彩。

民国是中西文化交流的时期，中西服饰在此时得到交融，人们在继承传统和改良革新之间徘徊。但是，西方服饰的适身

戴太阳帽、发夹的时髦女子

合体对中国传统服饰产生了深刻的影响，改变了中国传统服饰宽松的服装样式。至此，中国服饰加入了以西方服饰为主的时尚大潮流中。

十、朴素无华

——不爱红装爱武装的单色年代（1949 年—1978 年）

经过长期艰苦的抗战，中华民族终于赢得了抗日战争及解放战争的胜利。1949 年 10 月 1 日，中华人民共和国诞生了！新中国是工人阶级领导的、以工农联盟为基础的、人民民主专政的社会主义国家。新的社会环境，使人们的着装方式与 1949 年之前的着装方式划清了界限，决定了 20 世纪中国服装的发展尤其是改革开放以前的服装样式。

毛泽东主席站在天安门城楼上宣布中华人民共和国成立时，穿了一套橄榄绿的中山装，后被称为人民装。这件中山装与早些年确立的中山装原型仅在细节上进行了简化，由于毛主席及其他领导人经常穿着接见外宾，又被外国人称作“毛式服装”或“毛式中山装”。

新中国成立之初，人们的着装仍然是非常多样化的。一方面限于当时的经济条件，人们都是有什么穿什么。另一方面，中国共产党刚接管了政权，广大知识分子、民族资本家和公司职员都是统一战线的组成部分，对这些人的穿衣方式没有任何限制，所

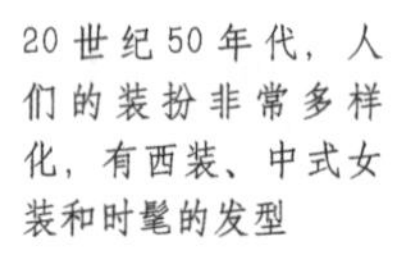

20世纪50年代，人们的装扮非常多样化，有西装、中式女装和时髦的发型

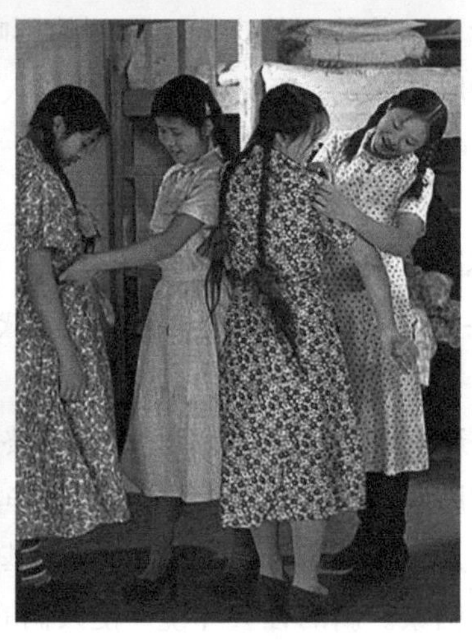

身着列宁装的三口之家（左）

穿布拉吉的青年女子（右）

以既有中式的中山装、长袍马褂、旗袍、大襟袄裙（裤），也有西装革履、西式连衣裙、西式外套、针织毛衣等。随着政权的巩固，社会的时尚风向标转向工人及农民，先前的西洋服饰及传统长袍马褂被视为西方殖民主义和封建等级意识的残渣余孽，在工人、农民及革命军人的服饰形象面前显得陈旧，甚至带有剥削和腐朽的味道。一时间，工装衣裤、中式短袄肥裤以及从苏联学来的方格子衬衫、列宁装①及布拉吉②连衣裙成了新事物、新生命的代表。

---

① 列宁装：因列宁在十月革命前后常穿而得名，它的式样为西装开领，双排扣、斜纹布的上衣。

② 布拉吉：俄语连衣裙的音译词，指用大花布做的苏式短袖连衣裙。

身着“人民装”的劳动人民

这一时期，金银戒指等饰物被视作封建主义的残渣余孽，流行一时的烫发、项链、胸花等是资本主义的腐朽之物，女性的化妆用品更是被唾弃，一切所谓的“资、封、修”服饰均被扫除。

20世纪50年代开始，无论是毛主席还是其他国家领导人都备受尊敬，他们的着装也成为人们争相效仿的对象。在崇尚伟大领袖和革命高于一切的时代，这种改良中山装立即受到人们的热烈追捧，得到了大范围的普及。几乎成为党和国家领导人，以及各级干部的标准制服。后来不仅在领导干部中流行，也在人民群众中流行起来。从“人民装”的字面上就可以看出其流行范围之广。

新中国成立后，工人阶级是领导阶级，是社会主义事业的建设者，工人阶级的社会地位更是不断提高，所以，成为一名工人是多数人的愿望。人们以穿着工人的工作服为荣，当时有句俗话，叫做“不管挣钱不挣钱，先穿一身海昌蓝”。用蓝色卡其布、细帆布或粗布制作的背带工装裤风靡一时。它不仅是耐穿、便利的工作服，更是具有热爱劳动热爱社会主义事业、具有螺丝钉奉献精神的象征。如果能穿上印有国营企业名称的工作服，更会成为人们羡慕的对象。蓝工装裤和白衬衣是当时中国工人的典型服装，代表了当时的审美价值取向。

步入20世纪60年代，中国面临着政治、经济、国际关系等方面的严峻挑战。人们的穿着打扮也与政治画上了等号，服饰俨然成为观察和评价一个人政治信仰和思想观念的外在标识。为了表明自己的政治思想和革命态度，一时间，解放军的国防绿和革命老区的干部蓝成为千千万万中国老百姓服装的特定色彩。

引以为豪的“工人装”

身穿绿军装，头戴绿军帽，胸前佩戴主席像，腰间系着军皮带，斜跨五星包，胳膊上佩戴着红卫兵袖章，脚蹬一双草绿色解放鞋，是非常典型的“文革”装束。有这样一套行头，是当时的年轻人梦寐以求的，因而军便服开始流行。在“文革”这个特殊的历史阶段，红色意味着以如火的热情投身到革命之中，用红色绸布做成的红袖章和用草绿色棉布做成的“语录包”，是当时十分流行的服装饰品。军便装流行的日子里，年轻人都想方设法地为自己置办这一行头，没有新的，旧的穿上也威武；没有全套，只穿件上衣或军裤也能显示自己的热情，甚至有一顶军帽也很神气。于是，有了抢军帽的风气。

“文革”中“蓝、灰、绿”成为主流色彩

1960 至 1963 年经历了重大的自然灾害，全国各地进入了节粮度荒期。紧接着中苏交恶，薄弱的经济条件制约了服饰发展。“新三年，旧三年，缝缝补补又三年”，就是在这种特殊的社会状态下产生的。由于相当长时间的经济落后，人们穿补丁服装演化成新时尚，以显示生活的低调平实、思想的历练进步。为将自己打扮成一个理想化的革命形象，甚至出现了民众在无损的新衣服上缝上补丁，以附和社会服饰面貌的趋势。

着绿军装、手捧《毛主席语录》的革命宣传队

“文革”中后期，人们的服饰穿着逐渐发生了变化，尤其是女性服装的款式、色彩、装饰等都较前期丰富了许多，两用衫、花罩衫和一些花式衬衫开始流行。

穿补丁服的男青年

建国以来，中山装、人民装等制式服装的普及，尤其是“文革”中，使中国服饰终止了自然演化的进程。一方面，“文革”的“破四旧”一味地否定和批判中国的传统服装文化，传统中式服装被统统丢弃；另一方面，中苏关系破裂，政治上反帝反修，随即丢开苏式服装，也拒绝当代世界上任何外来的现代服饰样式。使中国的服饰领域在那个时期里产生了色彩单一，款式单调，缺少变化的服饰形式。

十一、时光流变

——与国际接轨的多元时代（1978 年至今）

身着花布罩衫的妇女

1978 年十一届三中全会召开，决定以经济建设为中心、走改革开放之路。中国又一次向世界敞开交流的大门，西方现代文明迅速涌入中国这片亟待变化的土地，促使人们的着装迅速发生变化。眼花缭乱的新潮服装冲击着中国人的视觉，中国服装迎来了又一次转折与变革。中国人民在着装上，渐渐摆脱了蓝、灰、绿的无个性单调时代。随着国内电视、互联网等高科技信息通道的发展，我国民众可以和发达国家同步感受新服饰，迎来了服饰多元精彩的新时代。

沐浴在改革开放的春风里，人们的服饰终于产生了根本性变化。在改革开放最初的 10 年间，关于服装的每一个动作几乎都会产生“一石激起千层浪”的效果。随着思想意识的解放，扮美的心情迅速萌动。毕竟，寒冷的冬天过去了，服饰的坚冰正在消融。人民追求美、渴望新事物，勇于尝试的热情越来越高涨。

1978 年底，法国服装设计师皮尔·卡丹兴趣盎然地踏上了中国之旅。当时，举国上下满眼还都是军便装和中山装，甚至不好分辨男女，人们不知时尚为何物。卡丹在北京民族文化宫，举办了中国有史以来第一个国外品牌的时装展示会，这场象征着中法友谊的时装展示，在当时被称为“服装观摩会”。T 型台上衣着的多姿多彩与台下的一片蓝灰制服形成了鲜明对比，卡丹给中国的

皮尔·卡丹身穿黑色毛料大衣、脖子上随意搭条围巾，手插在兜里，气宇轩昂地走在北京的大街上，吸引了周围所有人的目光

服装带来了史无前例的冲击力。

80年代，香港电视剧及外国电影引入国内，引起了追求时髦的年轻人的关注。随之，中国的大街小巷里出现了喇叭裤、花衬衫、男生留长发、蛤蟆镜、黑皮鞋的打扮，喇叭裤几乎一夜之间在中国大地上流行起来。着装上的盲目模仿与胡乱穿戴是当时的特色，电影《街上流行红裙子》放映后，银幕上的“红裙子”“黄裙子”一时间被女性竞相模仿，成为追求时尚的标志。放眼望去，大街小巷一排排色彩鲜艳的裙子，犹如一丛丛盛开的玫瑰，色彩鲜艳的裙子使中国女性从单一刻板的服装样式中解放出来，开始追求服装色彩和式样的变化。这是中国服装发展的模仿阶段，当然也是国人对原来压抑个性及服装单一化的反抗。这些服饰现象是中国服饰文化进程中，国家改革开放与世界时尚接轨的冲锋号。

中国改革开放的明显服饰标志“西装热”，成为改革与流行的风向标。80年代，党和国家领导人将西装作为正装，在一些重要场合带头穿着。习惯了根据政治动向猜测社会发展的中国民众，预感到西装俨然成为一种改革的政治信号。

随后，中国的时尚风潮愈演愈烈，健美裤、蝙蝠衫、夹克衫、T恤衫开始风靡整个中国，出现了“不管多大官，都穿夹克衫；不管腿多粗，都穿健美裤”的现象。

初次传入中国的蝙蝠衫与现今流行的蝙蝠衫大同小异，从下摆处向上呈扇形，两侧外轮廓线直达袖口，这样的外形，酷似蝙蝠的翅膀。不仅商场里推出蝙蝠式毛衣，连女人手工织的毛衣也向这种新的外形靠拢。对于这种大毛衣，有两种不同的穿着方式。

喇叭裤、蛤蟆镜、长发、手持双卡录音机是当时青年人最流行的穿着扮相（左）

20 世纪 80 年代初，中国各地女性流行穿色彩鲜艳的裙子（右）

首先，这种大毛衣造型宽松，所以既没有与之相配套的外套也不需要再穿着外套，由此毛衣从内穿变为外穿，引发了一种内衣外穿的潮流，成为 80 年代末中国着装方式的一次革命；其次，当毛衣长过臀部后，多数人还不知如何将这一潮流新事物穿得体面，而年轻人随意将小夹克、短外套穿在毛衣外面，便引发了内长外短穿着方式的流行。这种里长外短、呈现出递进层次的穿法，使人们充分感受到服饰搭配的乐趣和魅力。

90 年代开始，国际时装界每年的流行信息几乎是同步传到中国，各种的千姿百态服饰在中国的大街小巷争奇斗艳，国际时尚迅速影响了中国。与此同时，随着旅游等现代休闲活动的流行，休闲服饰概念也渐渐流行起来。休闲类服饰的选择和品位，已成为个人身份和地位的象征。休闲和青春意味的服装样式层出不穷，露和透的性感风格更是以风驰电掣般的速度流行开来，露脐装、吊带衫、低腰裤等成为中国大街上的一道风景。在巴黎、米兰、伦敦、纽约等具有影响力的时装发布会上，时常看到中国设计师和消费者的面孔。介绍流行趋势和服装搭配的时尚杂志也成为人们日常生活的必需品，

穿健美裤的女青年

身着针织蝙蝠衫、蝙蝠衫套装的女性（左）

八十年代流行的夹克衫和西装外套（右）

人们密切关注着自己的服饰和妆容，美丽的外表也成为自我完善的一部分。

21 世纪是机遇和挑战并存的时代，中华大地发生了沧海桑田的巨变。如今，中国不仅是世界最大的服饰消费国，也是世界最大的服饰生产国。人们再也不会把穿衣服和“革命”“政治”联系在一起，追求个性自我的服饰理念、表达审美愉悦的快感成为当今社会人人向往的追求。

八十年代的服装杂志中，旗袍和西式连衣裙各领风骚

走入——西方服饰艺术篇

一、轻衣薄裳

——豪华配饰的古埃及服饰（公元前32世纪—前4世纪）

古埃及位于非洲东北部，源于尼罗河流域。尼罗河孕育了古埃及文明，古埃及文明是人类历史上最早最伟大的文明。它以自己独特的人生观创造出古埃及文化，无论是金字塔、木乃伊、神庙建筑、壁画、象形文字和太阳历等，都是古埃及的文化结晶。不仅极大地丰富了世界文化宝库，而且为后世西方文化的发端和繁荣提供了宝贵的借鉴。

古埃及文化在公元前三千年就曾经达到了辉煌的高峰，它的文明始终与原始的宗教信仰、森严的等级制度紧密相连。加之封闭的地理位置以及对于永恒的追求，使得古埃及的文化与艺术风格具有了一种经典的、独特的、神秘的符号性。古埃及人追求永恒，以法老为神，认为法老是神在人间的化身，是至高无上的。许多浮雕、壁画都有这种表达法老因神而诞生的题材。许多浮雕、壁画都有这种表达法老因神而诞生的题材。为了让这些法老和王族

这块浮雕于1922年在图坦卡蒙法老的陵墓宝座后发现，法老身穿有压褶的亚麻缠腰布，腰间系华丽的腰带

陵墓中发掘的壁画记录着古埃及的文化及人们的生活状态，包括服饰文化。服装主要以素色为主，具有特色的项圈、手镯等配饰成为身份的标志

永恒，就把他们在人间时的一切欢乐生活，通过墓室的浮雕、壁画体现出来。

由于沙漠地带气候炎热、土壤干燥，古埃及的一些服装、珠宝配饰、陵墓以及庙宇都较好地保存下来。其中陵墓中出土的浮雕、壁画也包含着大量的古埃及服饰文化，这为我们更好研究古埃及服饰及文化，提供了一定的参考价值。

从古埃及这些壁画艺术的视觉形式上看，是用几何化线条把人物、动物、植物、船只、建筑等都进行了归纳。其中，古埃及服装以其规整的衣褶，薄如蝉翼的白色衣衫，给人以透明的感觉。并通过直线条的秩序感与粉色或白色的区别，以及躯体与服饰的不同轮廓而明确表达出来的。所展现出的具有几何线条特征，是我们了解古埃及服饰的很好佐证。

谈到古埃及服装，让人浮想联翩的，大概是美国好莱坞的巨作《埃及艳后》中精雕细琢的服装与奢华的珠光宝气。但事实上，古埃及的服装是朴实无华的，颜色古朴，多为单色或白色，并没有后人假定的那么夸张。古埃及的服装外形简单统一，大致呈现三角形，具有宽敞、轻盈而省布料等特征。其面料多以轻便且经

身着白色亚麻衣的夫妇，配以彩色珠宝、装饰性冠冕和颈间花饰项圈（左）

古埃及第十九王朝浮雕，描述了身穿精致缠腰布的塞蒂一世及穿着刺绣紧身连衣裙的哈索尔女神（右）

过压褶处理的亚麻面料为主，男女款式的差异不大。人们的等级贫富差距主要通过面料的品质、腰带及配饰的贵重来区分，法老等地位越高的人，所穿着的衣服布料越好，常用细软的亚麻面料甚至金丝来装饰；平民所穿的腰布，则用植物纤维或皮革来制作。

缠腰布，也称“衫缇”，是古埃及最原始的服装外形，是男性的主要衣着，女性偶尔采用。缠腰布的线条棱角分明，通过上浆使其外挺，在身体前部形成一个三角形。对于当时的男性而言，服装主要强调保护身体前部分。而法老穿着的缠腰布造型与普通人基本相同，只是在前部分的三角形裆布上镶嵌宝石和金银饰物，腰间系精致的腰带，并在背后别一条狮子尾巴以显示其统治地位。

垂褶裙，较为宽松的、以布料缠绕的方式形成，这种自然的缠裹垂褶装束，方便而灵活，可松可紧，亚麻面料的轻巧半透明与自然垂褶的变化形成了丰富的立体效果和明暗对比，及富装饰性。在当时的服装风俗中，衣裙上的褶皱越多代表了对神灵越尊敬。这种缠绕式的服装对后来西方古希腊与古罗马服装有着较深远的影响，甚至时至今日，印度的纱丽服中仍能找到它的影子。

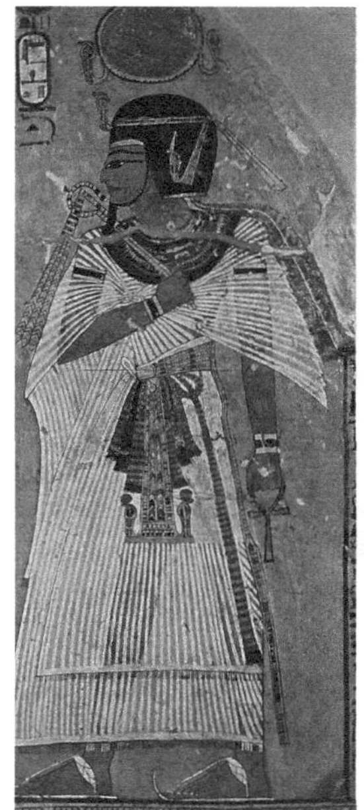

身着白色亚麻垂褶裙的女子，头戴蛇形环冠，花饰宽项圈，腰间装饰金色饰物，手握金色手杖（左）

拉美西斯三世与其儿子剃边发的造型，发型名为“青年之锁”，是年轻皇子的标志（阿门·赫·凯珀瑟夫之墓出土壁画）（右）

在色彩单一的服装衬托之下，古埃及人更注重服装的配饰。从古埃及的浮雕壁画中可以发现，当时的男人女人都穿戴珠宝饰物，其品类众多，其中黄金、天然宝石玛瑙、祖母绿等材料，被制成硕大而色彩丰富的项圈、耳环、手镯、臂环、头饰等配饰。同时具有象征意义的古埃及的神明、动植物等都以宗教符号融入配饰当中，赋予了宗教的含义，即可装饰又可作辟邪之用，成为了古埃及人的生活必需品。鞋子被埃及人认为是鞋柜里最珍贵的东西，它是在室内穿。旅行或出外时，人们是提着鞋，到达目的地的时候才穿上它。

古埃及人流行戴假发，由于尼罗河流域气候炎热，人们为了卫生与健康，就有了剃光头发的习惯，戴假发就成了古埃及人生活的重要内容，假发主要用羊毛、麻、棕榈叶纤维等材料制成，也有用真头发做的。假发的颜色一般为黑色，也有蓝色与红色双色的。而假发的长短与形状是用以区分阶级的同时，古埃及人还注重面部的修饰，不论男女都用矿物粉末画出大眼睛，脸颊涂上白和红色，嘴唇涂成洋红色，除了美观之外，还能防晒以减轻强烈阳光对面部的刺激。

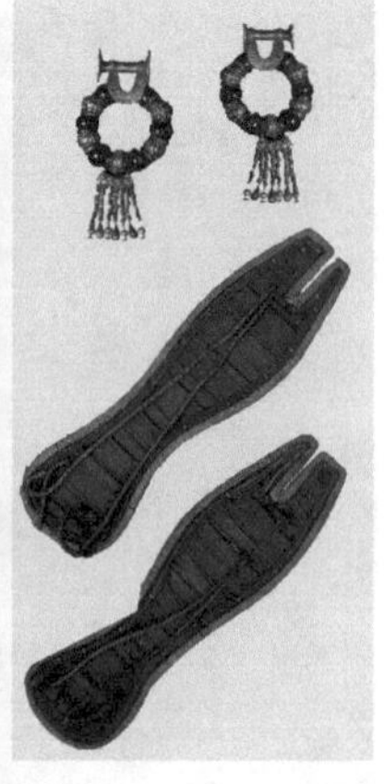

撒特摩斯四世期间，奴隶为主人装扮，参加节日聚会的场景（底比斯纳克特墓室壁画）（左）

古埃及人的鞋子、耳环（右）

服饰对于古埃及人并非仅仅为了遮体，强调服饰的象征意义和价值才是着装的主要目的，性别的审美意识淡薄。古埃及的服装美是由相对固定不变的样式和多变的表面装饰着两种现象较多而成的。古埃及人运用各种装饰手段与单纯的服装造型结合，形成了鲜明的对比。

二、身体美化

——以饰为重的克里特服饰(公元前23世纪—前16世纪)

克里特岛是古希腊文明的发祥地，克里特岛是希腊最南端的一个岛屿，在地中海中，爱琴海之南，是诸多希腊神话的发源地，历史上通常称此地的文化为爱琴文明。约公元前2300年—前1600年间（相当我国的夏朝），克里特王国的文化盛极一时，岛上涌现出了著名的米诺斯文化，“米诺斯”这个名字源于古希腊神话中的克里特国王米诺斯，其艺术、建筑和工程技术空前繁荣。而一次火山大爆发，又毁灭了这个古老的文明社会，只留下了一些莫名其妙的传说。克里特文化的兴亡，至今仍是考古学中令人费解的难题之一，它的神秘面纱远远未被完全揭开。

与古埃及不同的是，克里特岛是海洋性气候，温暖、潮湿，加之经历了千年的洗礼，因此，了解克里特服饰文化，就只能从后世考古学家们发掘出土的大批壁画、各种瓶饰以及雕塑中了解。

这幅壁画发现于棺木后，刻画着克里特后期的宗教服装。祭司们身穿紧身的绣花裙，手持贡品

克里特的宗教是一种自然宗教和咒物崇拜，最大的神是女神，所以女性在当时的社会生活尤其是宗教领域中扮演者重要角色，地位较高。克里特女神的雕像一般塑造得非常丰满肥大，19世纪发掘于克里特遗址的“持蛇女神”陶瓷雕像，女神身着紧身裙，头顶桂冠，手持着蛇，神情凝重。其服装由上衣下裙组成，短小的上衣紧贴身体，大领口的立领设计，完整裸露出整个胸部，衣襟在乳房下系合，托起丰满的双乳。下穿的则是一段一段摆开的吊钟状裙子，每一段都有褶襞。腰部用带有装饰纹样的腰带紧紧系住，并在臀部围着带精美刺绣图案的围裙式小罩裙，整体显得紧身合体。

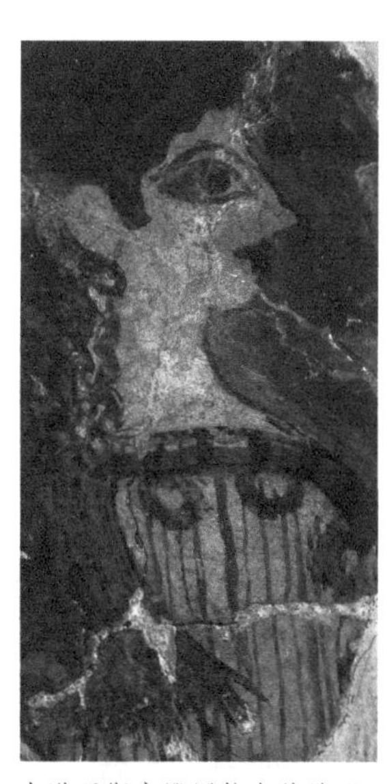

克诺瑟斯宫殿圆柱上的壁画，刻画着一位女子的头像

虽然裸露胸部的服装从古埃及时期就开始出现，但是，这种完全裸露胸部外形的贴体上衣与款式繁复、工艺复杂的下裙的服装组合，大胆而时髦，典雅又具有现代感的服装，在古代其他民族中非常罕见。反映出克里特人服饰的精美细腻，对自然人体美的率真追求，强调人体曲线美的自然

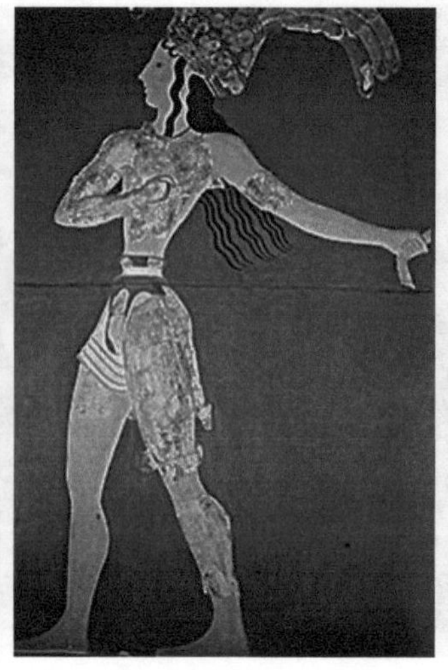

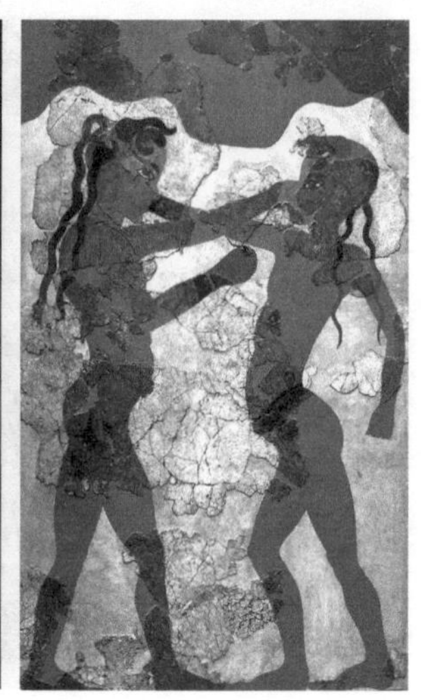

"持蛇女神"雕塑，女神裸露双乳，穿着典型的紧身吊钟裙，披肩长发，头戴精致高帽（左）

教皇身穿缠腰布，赤裸双脚。克里特岛的人一直崇尚细小的腰身，因此人们从小便佩戴紧身腰带（克诺索斯宫殿的教皇壁画）（中）

穿着缠腰布玩耍的克里特儿童壁画（右）

流畅，重视视觉美感。

克里特的男子服装造型则相对简单，多数上半身赤裸，下半身缠绕着腰布，腰布下摆通常有纹样装饰，配以精美腰带。腰部是克里特人最重视的部位，对此部位一方面是加紧身腰带，饰以蔷薇花和螺旋状等图案；另一方面是追求细腰美，以此体现出男子体形的健美，这正是他们热爱体育的一种表现。从科诺瑟斯教皇的壁画中，可以看到他戴着玫瑰色、紫色和蓝色羽毛点缀的桂冠，红白相间的腰带紧紧缠绕在腰间，用一条皮制的缠腰布遮挡着臀部，这是克里特男子服装造型的典型代表。

克里特人无论男女都留着长发，其中女子的发式多种多样，以迷人的卷发为主，或披散或在头前系一个发带或梳起来，地位较为显赫的女子会在头上点缀金针并以此来固定头发。无论男女，克里特人喜欢在身上挂满各种装饰品。克里特的女子，除了佩戴项链以外，还会戴戒指、耳环、手镯等装饰物。而男子则喜欢在缠腰布前挂上用珍珠编织的网状装饰物，同时还在手臂上戴很多的臂镯。

这幅壁画描绘了贵妇们穿着袒露颈背的衣服，前额和颈项留着迷人卷发，在项链和头饰的衬托下，显得雍容华贵（米诺斯的"巴黎女郎"壁画）

克里特女子的服饰外形与数千年后人们创造的服装外形，在形式上有许多相似之处。克里特服饰向我们展示了全新的古民族服饰穿着理念，上衣下裙分离式、贴体的服饰外形，打破了同时代古埃及、古希腊缠裹式的服饰着装观念。其天才的裁剪技术创造了紧身合体的服装，使人类的着装形式一下迈进了近四千年，让我们领略到了克里特时期服饰的高度文明。

三、开放浪漫

——人体唯美的古希腊服饰（公元前12世纪—前5世纪）

西方的古典文明起源于古希腊，继而在古罗马帝国时代达到了高峰。公元前6世纪，古希腊经济高度繁荣，崇尚民主自由的古希腊人，创造了光辉灿烂的古希腊文化，在哲学思想、历史、建筑、文学、戏剧、雕塑等诸多方面有很深的造诣。这些文明后来被古罗马所继承，所有这些无一不对现代西方的文明有着巨大的影响。

以雅典为中心的希腊文明，其人文思想脱胎于神话，把神话视为艺术的精神本源。人们对神的赞美，实际上也是对自己的赞美，这在表现神人合一的古希腊雕塑、建筑有明显的体现。

生活在如此浓厚的宗教神话气氛中的希腊人，养成了其洒脱、浪漫而富有诗意的气质，所以在审美上，他们推崇自然潇洒与和

宙斯神庙遗址，建于约公元前515年－公元129年

谐之美。又因为古希腊气候宜人，温度适中，在这样的自然条件下，古希腊人喜欢参加各种户外裸体运动和比赛。因此，古希腊人喜欢健美的体魄和协调的人体比例，并追求精神和肉体的完美统一，形成了朴素、单纯、自然的古典风格，这种思想观念在其服装上得到了充分的展现。

精挑细琢的器皿上，刻画着身穿多利安式希顿的古希腊男女，外面披着希玛纯，优雅大方

与此相同，古希腊建筑与服装也形成了两种文化样式：即多利安柱式和爱奥尼亚柱式的建筑风格，与多利安式希顿[①]和爱奥尼亚式希顿服装的主要样式。多利安柱式庄重、简朴，具有男性特征；爱奥尼亚柱式优雅、纤细，具有女性特征。多利安式希顿服装也同建筑柱式一样，着力追求朴实、雄伟、刚健的男性人体美；爱奥尼亚式希顿服装也具备柔和、秀丽、优雅的女性人体美。其服装服饰特征如下：

公元前5世纪的古罗马浮雕，现藏于卢浮宫（奥尔菲斯的浮雕）

多利安式希顿一般是一块长方形的白色毛织物，布料的长大约是两臂伸平后两肘之间距离的2倍，宽长于穿者的身高。布料通过翻折后包裹于身体，多余的布料自然地垂挂在身上，形成优

① 希顿：是人类服装历史中最原始的形态，不裁剪不缝合或极少缝合的开放式结构的服装，其男女款式基本相同，区别在于男士的长齐膝部，女式的长至脚踝。

多利安式服装着装方法（左）

爱奥尼亚式希顿着装方法（右）

美的垂褶。为了便于行动并强调优美的衣褶，会在腰间系上腰带，而扎腰带形成的余量可盖着腰带，并可随意调节纵向垂褶的疏密性。当人穿着走动时，宽敞的衣裙会随着人的动作随风摇摆，使人体曲线和肌肉若隐若现，自由流畅。

爱奥尼亚式希顿也是一块长方形的布，其长等于两手伸平时两手腕之间距离的2倍，宽等于脖口到脚踝的距离再加上系腰带时向上提的用量。穿着时将两个宽对折，侧缝除留出伸手的一段外，其余部分全部缝合为筒状，用安全别针把双肩到两臂的距离固定起来，成为袖子。腰间系上腰带，使裙子形成精美的垂褶。选极薄的上等亚麻布，褶皱轻盈流畅，款式更为宽松，那虚幻的衣袖通过人体曲线再现流动的人体美。

古希腊人非常重视发型与头饰，他们会针对各种场合精心打扮自己。在古希腊初期，男子都留着胡须和长发，长发做成波浪卷，在前额上方系缎带，或编成发辫绕在头上。而希腊女子则留着弯曲长发，自然披散在肩上，在前额用缎带或金属发环系扎起来，固定在两耳上方，形成优美的曲线。这些缠头的缎带和发环雕刻或镶嵌着各种花纹。随着时间的推移，女性的长发逐渐扎成螺旋状的发髻，用缎带、方巾、丝网、串珠、花环、发簪、宝石和金银等头饰装饰并固定发型，显得十分高贵华丽。另外，金黄色是古希腊人最喜欢的发色，因此人们常常通过发油或彩粉，将

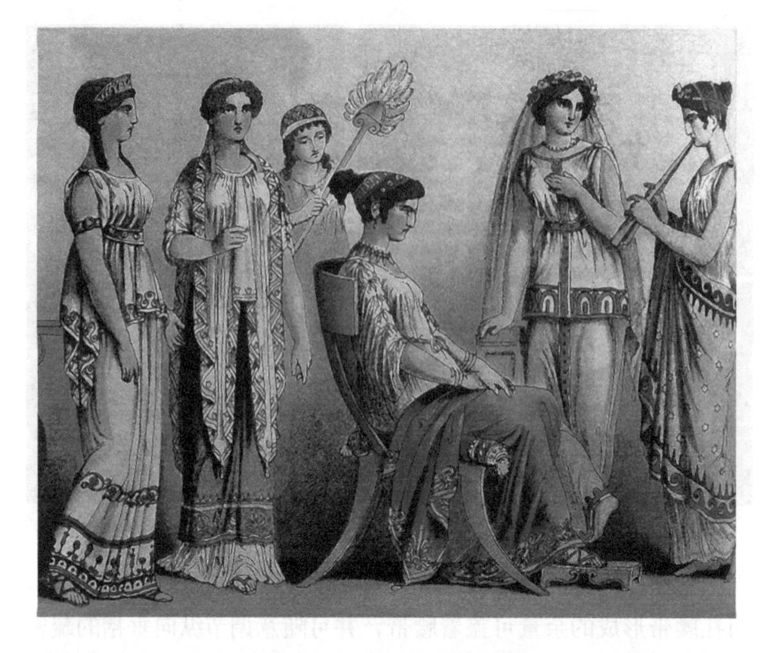

古希腊女子穿着裁剪合身的希顿服装，外披宽松斗篷或披肩，优雅柔美

古希腊时期男子、女子发型

头发漂染成金黄色。

古希腊的服装既没有身份地位的等级之分，也没明显的男女之别。他们所推崇的身体和精神的合一，体现了服装作为人的附属品，必须服从于人的体形大小和人的活动机能，衣为人服务。古希腊人不仅没有像其他民族一样，认为服装遮蔽自己的身体，反而运用服装加强对人体的表现，以简单质朴的服饰，缕缕下垂的衣褶，优美的比例，流畅的线条，表现出古典人体美的形象。

四、垂褶繁缛

——厚重大气的古罗马帝国服饰（公元前6世纪—5世纪）

古罗马原本是意大利半岛台伯河畔的一座小城，与希腊毗邻。在希腊古典文化高度繁荣之时，罗马还是一个刚刚步入文明的城邦。随着罗马的对外扩张，几百年时间便发展成为一个横跨欧、非、亚三大洲的强大帝国，成为西方政治文化的中心。

罗马是一个善于吸收其他文明成果的民族，在逐渐成为地中海区主人的同时，毫不犹豫地将希腊文明承袭下来。因此无论在建筑、宗教、科学、哲学还是在文学、艺术等方面，都可以看到希腊文化的影响和印记。罗马文化在继承和传播希腊文明的同时，表现出求实致用、质朴务实、融会变通的文化特征。罗马人与希腊人虽然都是西方文化的创造着，但在民族精神上却有很大的差异。前者严肃、质朴、勇敢、坚韧、守纪，但又固执、粗暴，缺乏想象力；而后者活泼、奔放、自由，但又散漫和不切实际。所以，罗马艺术在形式上追求宏伟壮丽，在人物表现上强调个性。而这一文化特征同样也影响了古罗马服饰的形式，在延续了古希腊服饰形态的情况下。古罗马服饰没有了古希腊人浪漫的气质，缺乏

古罗马科洛西姆竞技场，遗址位于意大利首都罗马市中心

幻想和想象力，随之而来的是厚重大气、垂褶繁缛的服饰形式，厚重中显示威严，繁缛中显示等级，华丽而乏味，严肃而缺乏想象力。

托加[①]是古罗马男性最具代表性服装，贯穿了古罗马的各个时期，它在不同时期具有不同的形态。在古罗马的王政初期，托加的大小和希腊式短斗篷差不多，男女均可穿用，一般为一米见方的毛织物，有带状饰边。这时的托加穿法也很简便，将托加披在身上，在一侧肩上或胸前用别针固定。到了共和时代，托加的形状接近圆形，成为男子专用的服装。而到了帝政时期，托加所用布料逐渐增加，发展成长达6米、宽2米的椭圆形，成为当时世界上最大的服装。穿着这种服装需要别人的帮忙，由此可以看出，托加成为罗马上层社会各种活动的专用品。到了帝国末期，托加已经变得十分窄小且面目全非。到了拜占庭时代，托加已经变成了一条15—20厘米，表面有宝石或刺绣的带状物。到了公元8世纪，托加便消失了。

穿着托加的古罗马男子石像，托加被认为是世界上最大的服装

托加作为古罗马人身份的象征，是通过穿着形态、装饰、颜色，区别穿用者所属及社会地位。托加一般为白色毛织物，紫色在罗马意味着尊贵和权力。白色与紫色边饰搭配的托加是上层社会官员穿用的，面料一般是羊毛和丝绸；一般市民只是白色羊毛或者麻织品的托加，无任何装饰。

身穿托加的男子，衣服的颜色、样式和装饰表明了穿衣人的社会地位

古罗马人的爱美之心与希腊人一样，他们非常关注发型与各种服饰品，形成古罗马的时尚潮流。追求时尚的男子一般烫成短小卷发，且洒金粉或香水。而贵族女子的发型则有专门

① 托加：是一种宽松的缠绕式外袍，是几乎所有罗马人都穿着的一款经典款式。

穿着斯托拉和帕拉的古罗马贵族女子（左、中）带着奴隶（右）出门（左）

古罗马女子穿着托加的壁画，现藏于那不勒斯国家博物馆（右）

的女奴隶为她们设计发型，把头发染成金色或红色，或用发辫盘在头上；或烫成小卷长发，如瀑布般的紧密排列着；或用金属框架支撑在头顶，盘成圆锥状的发鬟，再配上镶嵌着宝石的发簪或金丝网兜。

至于鞋子，平民一般穿着未鞣制的生牛皮做成的凉鞋，用皮条编成的短靴只许有公民权的人穿，奴隶不能穿用。贵族和元老院议员的皮鞋则用柔软的小牛皮制作，并在鞋面上装饰有金边、宝石、珍珠刺绣。人们不仅在室外穿鞋，在室内也穿一种类似现在的拖鞋一样的、非常简单的木底或皮革底凉鞋。帝制以前，一般鞋是黑色的，后来出现各种着色的皮鞋。鞋成为古罗马上流社会的时髦消费品，时至今日，古罗马样式的鞋子，依然是时尚潮

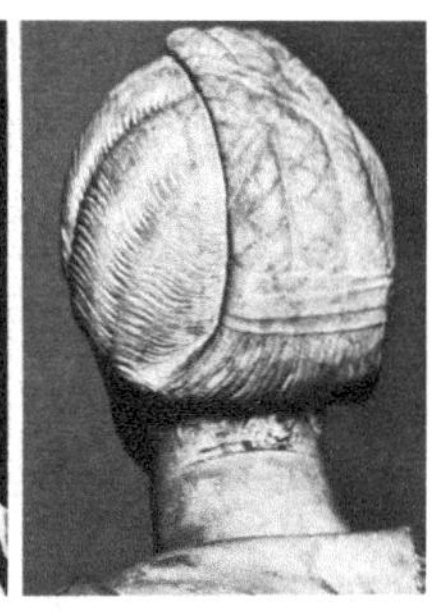

公元前1世纪的硬币，上面雕刻者盖阿斯·裘利斯·恺撒的头像。他戴着一顶象征罗马帝国的王冠，这顶王冠实际上是用黄金打造的一圈桂叶，只有罗马帝王才可以使用（左）

古罗马帝国时期，公元3世纪的女子发型石像（右）

流的设计师与消费者喜爱的服饰之一。

古希腊人的开放和浪漫气息在希顿中流露出来，古罗马人的封闭与务实精神也从托加中感受得到。古希腊人最懂得人体美，在穿着方式上，懂得处理人与服装的比例关系，用长方形的布追求修长的感觉。而古罗马人同样是用布幅在身上缠绕，其布幅近半圆形的宽度，在缠绕中容易产生出庞大繁缛、非常累赘的感觉。但罗马人却以此显示威严和表示帝国的昌盛，半圆垂褶衣饰则是罗马市民身份的象征。由此可见，托加之所以能作为政治身份服装，正是因为古罗马人认为人的形象、号召力、魅力，需要通过服装来展现。

帝国时期公元1世纪的罗马凉鞋，现藏于伦敦博物馆

五、蔽体深厚

——东西文化交织的拜占庭服饰（公元5世纪—15世纪）

公元330年，罗马皇帝君士坦丁一世迁都拜占庭，改名为君士坦丁堡，也称“拜占庭帝国”，即现在土耳其的伊斯坦布尔。首都君士坦丁堡位于古代东西方交通要道，地理位置优越，是欧亚大陆的政治、经济、文化中心。拜占庭是一个多民族、多文化融合的帝国，在欧洲历史上起到承前启后的作用，是一颗璀璨耀眼、闪烁着东西方文明的明珠。

拜占庭以其独特的地理位置和历史地位，形成了极具特色的拜占庭文化。它全面吸收希腊文化，保留了古罗马较多的古典文化传统，融汇了东方文明、古埃及文明、希伯来文明和阿拉伯文明。由于接受基督教为国教，受到基督教精神的影响，产生了独特的艺术。因此拜占庭艺术以“东方式”的抽象装饰性与西部欧洲古典艺术的自然主义相区别。它追求感性的壮丽与材料的华美，注重艺术的装饰性，通过华贵的材料表达神秘观念，由审美感受

教堂的彩色玻璃（左）康斯坦丁皇帝身着代表王权的服饰（君士坦丁堡的索菲亚大教堂的镶嵌画）（右）

这个时期服装上下相连、不收腰而包含着全身的宽大袍服（《提奥多拉皇后与随从》壁画）

走向对上帝的信仰。

以宽博和封闭的平面外形作为表现手法，以绚丽的色彩和五彩的装饰形成华美富丽的风格，是拜占庭服饰的特色。东方文化浓重的神秘气息，宗教的禁欲精神和意识，使人体美都被蔽体厚重的服饰包裹了起来，服饰被烙上了宗教的色彩。服饰整体趋于蔽体宽大，华美肃穆，古典优雅，但略显呆板和保守，与古希腊、古罗马相比，失去了人体的自然美。

拜占庭初期的服装，基本上沿用了罗马帝国时期的样式。随着基督文化的普及，服装外形慢慢变得呆板、僵硬，表现的重点转移到衣料的质地、色彩和表面的纹样变化上。服装的衣料一般是毛、麻和棉织物，皇帝及贵族官员的则多是丝绸、金丝织物的丝质衣料，色彩五彩缤纷，犹如教堂里的彩色玻璃，服装上的刺绣纹样均为基督教题材。主要的服饰有达尔马提卡袍服，方形大斗篷最具特色。

达尔马提卡是一种男女常穿的、带袖的宽松型长袍外衣。这种长袍是由古代的套头衫演变而来，呈现出一种简单宽松的T字形态，因此，也被称为T型袍。T型袍以优质羊毛料制作，从领口两侧肩处开始，直到衣下摆边缘，有两条红紫色的带状纹饰。

方形大斗篷是拜占庭时期最具代表性的外衣，是皇帝和高级官员穿着的正式服装。衣长到膝盖呈方形，面料一般为毛织物，通常染成紫色、红色或者白色，胸前缝有一块四边形的布——用刺绣工艺做装饰，以表示权贵。穿法一般是披在左肩，在右肩用安全别针固定。在查士丁尼皇帝和提奥多拉皇后的画像中，皇帝的服装是深紫色的面料，大斗篷上的塔布利恩图案是金色底子上刺绣有红圆圈的鸟。从整个服饰上，就展现出拜占庭时期服装的华贵，以及东方装饰的主题。

由于受到宗教思想的禁锢与东方文化的影响，拜占庭时期的服饰品较为简单。一般平民不戴帽子，以素色的头巾代替。头巾或齐肩或长至能遮盖身体，贵族的头巾一般织

女性的服装基本与男性服装同型，在长袍外披挂着大斗篷

查理曼大帝的T型袍，现藏于罗马的圣·彼得大教堂

身着拜占庭典型传统服饰的皇帝与臣子。他们身着达尔玛提卡长袍，外披厚重大斗篷，皇帝头顶嵌满珠宝的皇冠，装饰华丽（《奥托三世》壁画）

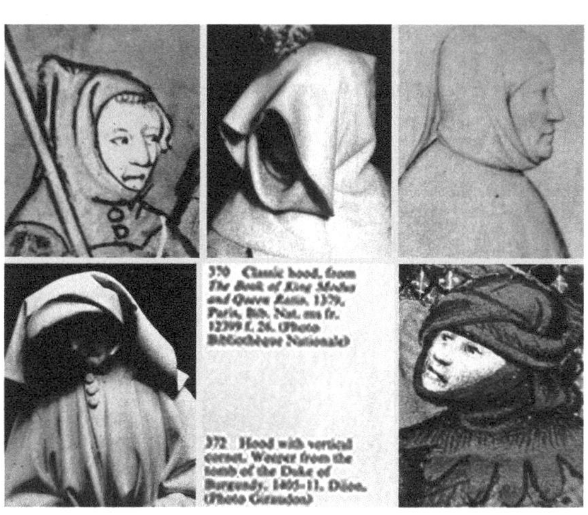

传统样式的头巾及锥形顶的头巾

入金线，或在边缘缀以流苏。只有皇帝才能配戴镶满各种珠宝与金边刺绣的皇冠，农民则戴宽檐毡帽。这一时期，拜占庭人在宝石领域发挥了卓越的创造才能，在王冠、耳环、项圈、饰针等各种配饰上以及鞋上、衣下摆的刺绣中，都装饰着各种各样绚丽多彩的珍珠宝石，显得雍容华贵。

东西文化的碰撞，基督教禁欲主义的普及，使拜占庭服装从古罗马的单层缠绕，逐渐演变成修身的双层袍服。蔽体深厚的服装，完全改变了古罗马时期短袍宽松、随体暴露的状态。并融入

镶着金银珠宝的皇冠及橄榄叶形的黄金桂冠，展现出佩戴者的富有

了东方式的华美，变得优雅华丽而引人注目，形成一种特殊的服饰文化。在一定程度上起到了承上启下的作用，对中世纪和文艺复兴时期的服饰影响深远。

六、新奇怪诞

——幽静繁杂的哥特式服饰（公元 13 世纪—15 世纪）

中世纪后期，整个欧洲社会发展稳定，经济迅速复苏，造就了纺织业、建筑业、农业的兴旺发达。由于人们对宗教的狂热，大批教堂、城堡在欧洲各国崛地而起，建筑、雕塑、绘画、服装等各种艺术文化得到空前发展，风格独特。艺术形式表现出夸张、不对称、奇特、复杂和多装饰的特点，文艺复兴时期的人们曾认为这是粗鄙的文化形式，贬称为“哥特式风格”。但如今，哥特式风格一词已经毫无贬义，且为数众多的“哥特式风格”作品都

德国科隆大教堂，始建于 1248 年，这幅油画被认为完美地结合了所有中世纪哥特式建筑装饰元素的代表作品

具有非常高的艺术价值。

哥特式艺术中最具特色的是建筑与服装，建筑广泛采用线条轻快的尖形拱券，造型挺秀的尖塔。通过轻盈通透的飞扶壁、拔地而起的立柱或簇柱，以及彩色玻璃镶嵌、金光闪烁的花窗，营造出一种向上升华，通向神秘天国的幻觉，给人强烈的艺术感受。其中，强调垂直的线条和尖尖的锐角是其建筑艺术最大的特征，深深地影响着当时人们对服饰的审美需求及创造欲望，形成与哥特式建筑风格一脉相承的奇特服装。

哥特式服装造型合体、颀长、突显身材，重点强调腰身及上下垂直的线条，注重体态的表现，样式新颖丰富。13世纪时，男女的服装还是基本同型，较为保守，总是尽可能地将肌肤掩盖起来，仍保留着浓厚的宗教色彩；直到14世纪，服装开始有裸露肌肤的发展趋势，且在造型上体现了男女性别的区分，男装向上重下轻的造型发展，而女装则向上轻下重的造型发展。

在14世纪出现了一种源自意大利的科塔尔迪连衣裙，连衣裙上身剪裁合体，下裙呈宽松的喇叭形拖弋在背后，形成许多纵向的长褶，狭长的袖子钉满五颜六色的纽扣。裙上装饰着左右不对称的家族标志或纹章图案，以及许多精致的缎带和五彩花边。这种复杂的强调垂直线感的服饰，与哥特式教堂那向上升腾的尖塔和彩色绚丽的玻璃花窗十分相似。此时运用在服装上的立

哥特时期的婚礼场景，新郎新娘头戴汉宁帽，脚穿尖头鞋（左）

一群妇女准备祷告的场景。妇女身着华丽的高腰连衣裙，是当时典型的服装款式（1380年 插画）（右）

体裁剪[1]方式，使科塔尔迪连衣裙更加突显出女性的形体曲线美。

女士身穿科塔尔迪连衣裙，手持武器与家徽旗帜（《勇敢的女士》意大利城堡壁画）

从14世纪中叶开始，男装中出现了来自军服的紧身上衣（“普尔波万”紧身短衣）与紧身裤相组合的二部式形式，取代了传统的一体式长袍样式，也使男装与女装在穿着形式上开始分离。紧身上衣是男子专用的服装，多以高档的天鹅绒制造。这种紧身上衣从14世纪中叶起，一直延续了3个世纪，为欧洲男子的主要服装之一。

由于经济的繁荣发展，基督教禁欲主义的发扬，人们常以“荣耀主”为借口，制造出夸张耀目的服饰品，追求穿着服饰与精神高度相一致。男人头戴塔状高帽，留着尖尖的胡须，脚穿尖头鞋。这种用软皮革制作成的尖头鞋与穿着者身份地位之间有着非常密

人们穿着带有装饰纹样的服装，融合了当时各国的服饰特色

① 立体裁剪：从服装的前、后、侧三个方向去掉腰间之差的多余部分；这种裁剪方式使包裹人体的衣服由过去的二维空间向三维空间构成发展，确立了近代窄衣基型，成为东西服装在构成观念和形式上的分水岭。

中世纪的婚礼场景，男子穿着普尔波万紧身短衣与紧身裤，女子袒露双肩

切的关系，地位越高的人鞋子形状越尖越长。到15世纪，鞋尖之长可达到脚长的2.5倍。尖头鞋与教堂高耸的尖顶遥相呼应，充分体现当时人们的审美观念，成为哥特式服饰的典范。

哥特式时期女子的头饰变化很多，其中最具特色的是被称作汉宁的女帽饰。汉宁帽细长高耸，帽顶类似尖塔状向空中延伸几英尺，尖顶高低不等，有时还有双尖顶的造型。无论是早年未婚女子戴头巾为了表示圣洁，还是后来宗教仪式上要求女子进教堂前覆盖头巾，那纱巾之虚和帽子尖顶之实，与高耸入云的哥特式教堂建筑均有异曲同工之妙。人们认为只有通过这样的方式才能更接近上帝。

哥特式服装对世界服装史影响深远，是西方服装从古代跨越到现代的重要转折点。立体裁剪的运用使东西方男女服装造型出现了分道扬镳的现象，女性服装在性别特征上进行线条的勾勒和男性分体式服装的确立，直接体现了男女性别特征对服装造型上的需求。中世纪的欧洲跨越了千年，拜占庭文化、罗马式文化和哥特式文化，从东至西，从古到今，一线贯穿，为以后文艺复兴的繁荣打下了基础。

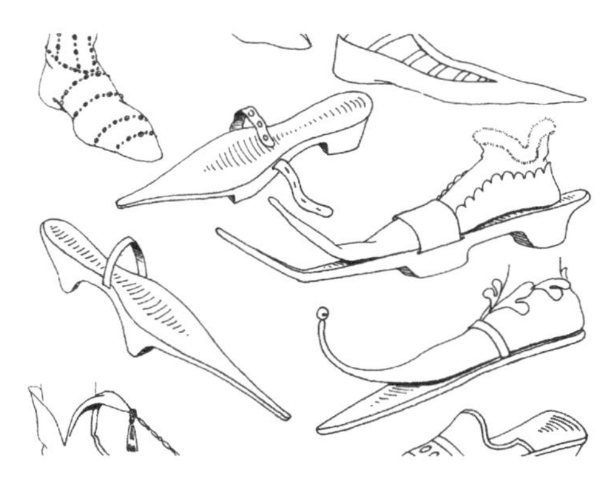

哥特风格各式各样的尖头鞋（左）

头戴纱巾高帽的妇女画像，绘于1433年，现藏于伦敦国家美术馆（右）

七、优雅夸张

——人性解放的文艺复兴服饰（公元16世纪）

文艺复兴时代的到来，结束了欧洲漫长黑暗的中世纪。这场资产阶级文化运动在14世纪初首先兴起于意大利，继而席卷整个欧洲大陆，并延续到16世纪。这近三百年的时间，是整个世界和人类社会从中世纪进入现代社会的转型期，是对社会的深刻变革，对古典文艺的复兴。人文主义成为文艺复兴时期的主要社会思潮，提倡“人乃万物之本”，反对宗教的专横统治和封建等级制度，主张个性解放、平等自由。文艺复兴精神渗透到所有的人文领域，包括文学、艺术、服装等，为欧洲迎来了星光灿烂、人才辈出的大时代。

在人文主义思想的启迪和感召下，服装逐渐冲破宗教对人性的束缚，中世纪那种把人体层层掩盖的服装黯然失色。服装开始显示出人的自然魅力，讲究趣味，追求华丽精致。到了16世纪盛期，服装整体风格更加富丽奢华，人体的造型之美和曲线之美得到更大程度的强调。

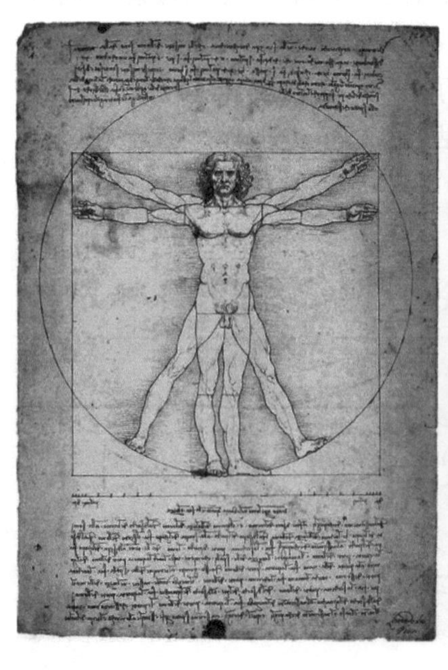

维特鲁威男子（人体比例研究图），达·芬奇作品（左）

《亨利八世肖像》，现藏于罗马国立美术馆，其一身艳丽的服装引领着男子服饰潮流（右）

16世纪末宫廷舞会场景图，色彩搭配是当时男女服装最突出的特点。男性穿着紧身上衣和紧身裤，让双腿以最优美的姿态展现出来，以显示男子的阳刚气概

在亨利八世的肖像画中，可以看到此时的男装流行艳丽之风，服装由上衣和下裤两部式构成，重心在上半身，外形轮廓呈上重下轻的倒三角形。其中，普尔波万紧身上衣是当时男装上衣中最具有代表性的服装样式，紧身上衣方块立体的造型，配以外短裤与紧身袜紧裹下肢的组合，上下装形成强烈对比，展现出男性的阳刚之美和宽阔魁梧的体格。为了突显男性性征，还出现了“阴囊袋”造型。

此时出现的填充式服装引起人们的广泛兴趣，上至国王贵族，下至普通市民纷纷穿着填充式的服装。服装的上衣和短裤，均使用鬃毛或亚麻碎屑等作为填充物垫起，使之膨胀。比如男子短外裤常被填充成南瓜形或灯笼形，女装的泡泡袖、羊蹄袖、藕节袖等，也是以其形而命名。在填充物式服装上，经常搭配着切口装饰[①]，它是盛行于男女服装上的一种装饰手法。切口的形式变化多样，时而长，时而短，时而密密麻麻组成有规律的立体图案，时而镶嵌珠宝增加华丽之感。切口起初是战士远征

① 切口：也称“镂空”，意为开缝、裂口，刻意在外衣上剪开很多口子，以露出内衣或者衬料，相互映衬，形成色彩质地对比。切口装饰从肩、肘、胸部发展到几乎全身都有切口，甚至帽子和鞋子都有。

菲利普·西德尼爵士身着切口装饰的骑士上衣，下着鼓囊囊的南瓜短裤（左）

《伊丽莎白一世肖像》绘于1592年，她穿着的服装是这个时代宫廷风格的缩影，反映了女性的悠闲与社会的富裕（右）

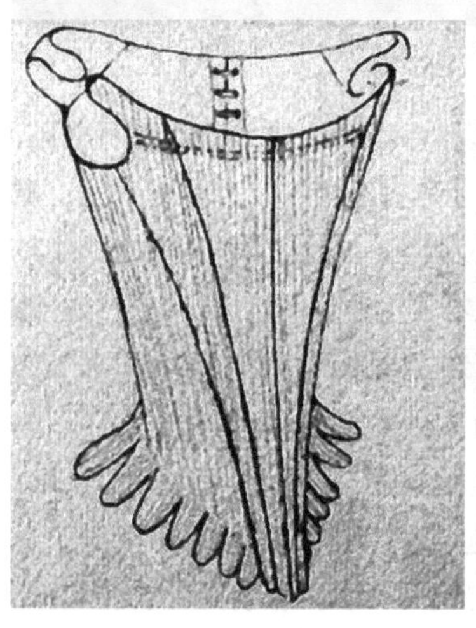

麻布纳的紧身胸衣成为当时女性塑造丰胸细腰的必备品（左）

女装中的拉夫领，流行于当时贵族及富人服饰（右）

后遗留在服装上以展示威猛勇武的印记，但这种“撕裂的服装”很快流行于欧洲各国贵族，开辟了从下层阶级到上流社会的服装流行传播模式。

文艺复兴时期的女性通过服装改变体态，体现出一种夸张的曲线美。从伊丽莎白一世的肖像画中，可以看出连衣裙衣长及地，服装的重心在下半身，呈上轻下重的正三角形。为了强调女性性征，出现了裙撑[①]、紧身胸衣等服饰。其中，最具特色、流传

① 裙撑：用鲸须、藤条、金属丝做成，一圈一圈由上而下、由小到大地排列，造型有吊钟形、椭圆形或环形，起到扩大下裙摆的作用。

装饰着珍珠刺绣蕾丝边的女子厚底鞋

最广的是裙撑，由西班牙传至英国，一直影响了欧洲服装近400年。裙撑穿在裙子里面，使裙子撑张开来，呈圆锥形。尽管撑架裙展示出前所未有的优美造型，不过女性们仍然不满意腰肢的纤细程度，于是，作为裙撑的孪生姐妹——紧身胸衣出现了。裙撑与紧身胸衣[①]的组合，构成了西方女装人为化的造型基础，使腰、臀、胸成为女性美的集结地。

另一个极具时代气息的服饰配件则是轮状皱领“拉夫”，流行长达两个世纪之久。它是一种独立于服装之外的白色褶式花边，呈车轮状造型，又厚又硬，套在颈部后不利于头部活动，吃饭需要用特制的长柄勺子。

为了配合越来越宽敞的裙子，女性开始流行穿厚底鞋，以协调上下身的比例。鞋底由厚厚的木头制成，最高可达30厘米。这种鞋式与中国清代满族的花盘底女鞋有异曲同工之妙。

文艺复兴时期的服装，体现了人文主义精神和古典主义艺术的影响，发掘了服装的本质并加以美化和世俗化，以夸张而膨胀的外观来表现人性的复苏，强调了男女性别的形式美。填充和撑大的衣裙，在艺术化的对比中，传达出人们对禁欲主义的反叛心理。然而，当时以人的服饰形态为审美标准，忽略了服装的部分实用功能，盲目追求视觉享受，为后来西方服装的夸张形式铺垫了道路。

① 紧身胸衣：有软制和硬制之分，软制用多层布料合体裁剪并缝纳，插进柔韧的鲸须，使硬挺而富收束力和弹性；硬制的则是用钢或铁制作，按女体造型分铸成四片网格状框架组合而成，接缝处有金属扣钩以便穿脱。其功能主要用于整束胸腹，营造出丰胸细腰的效果。

八、华丽炫动

——柔美奇异的巴洛克服饰（公元 17 世纪）

17 世纪的欧洲，出现了新兴资产阶级与封建贵族、宗教教派势力三足鼎立的局面，他们之间展开了激烈的斗争。为增强政治影响，这三方势力都利用艺术为自身目的服务。这种矛盾冲突和相互妥协并存的现实，不可避免的反映在艺术当中，因此在文化艺术领域产生了“巴洛克艺术风格”。

巴洛克①艺术冲破了文艺复兴晚期古典主义指定的清规戒律，反映了向往自由的世俗思想。它既有宗教的特色又有享乐主义色彩，打破了理性的宁静和谐，强调动感，运动与变化可以说是巴洛克艺术的灵魂。它最初形成于建筑与雕塑上，表现出宏大的结构与精雕细琢的细部装饰，线条优美，装饰性强、色彩绚丽、气势磅礴、有动态感，注重光和光的效果。法国凡尔赛宫殿和卢浮宫是巴洛克艺术风格的典型代表，并进一步辐射到绘画、音乐、

英国圣保罗大教堂内部，是巴洛克风格建筑的代表，以其壮观的屋顶而闻名，是世纪第二大圆顶教堂

① 巴洛克：原意为“离经叛道”“不合常规”“矫揉造作”的事物。曾被后世反对 17 世纪艺术倾向的批评家所使用，但今天以成为一种风格的代名词。

《路易十四与他的家人》中，人们穿着当时典型的服装，油画藏于华莱士博物馆

服饰等多个领域。服饰的造型强调曲线，装饰华丽，且不乏男性的力度，活泼奔放中又难免矫揉造作，其华丽的纽扣、丝带和蝴蝶结以及花纹围绕的饰边，成为最显著的特点。

17 世纪上半叶，荷兰资本主义经济发展迅速，服饰获得了长足的进步，引领着整个欧洲的时尚潮流。此时的服饰重新回归自然形态，去掉衬垫、框架和填充物，溜肩取代衬垫，衣服由过去僵硬的模式变得自然下垂、合体。过去盛行的拉夫领变成了平披在肩上的大翻领，使人的颈部得以自由活动。男性留着长发，穿着大量蕾丝装饰的服装及皮革制品，成为流行的标志，在西方服装史上称为“3L”时代。

17 世纪后期，巴洛克风格在法国的服装与纺织品生产中得以迅速发展，并影响了整个欧洲。具有巴洛克风格的法国式时装迅速传播至其他国家，被欧洲各国所追崇。从此，法国巴黎成为欧洲乃至世界时装界不可取代的时尚中心，一直延续到现在。当时，法国贵族男子的服饰奢华，浪漫。通常，男子头顶着蓬松卷曲的假长发，身佩长剑，手持文明杖。为保持假发的造型，特意把装饰着羽毛的帽子夹在腋下，绣有精美花纹的宽领巾也是贵族男子的必配品，全身的缎带、蝴蝶结、皱褶多不胜数。

此时的服饰重新回归自然形态，溜肩取代衬垫，拉夫领变成大翻领，变得自然下垂、合体（《亨利二世肖像》绘于1631年）(左)

《路易十四的肖像》他身穿镶满金线的修身长外套、长筒裤和高跟鞋，顶着蓬松卷曲的假长发，身佩长剑，手持文明杖（右）

女性服饰同样深受巴洛克艺术风格的影响，也跟男装一样盛行缎带和花边装饰，但着重自由随意，摆脱了原来的僵硬感，强调自然的比例，讲究穿着舒适，呈现出圆润、丰满的造型。1628年威廉·哈维发现了人体血液循环的身体机能，引发了人们对紧身胸衣的思考，最终摒弃了导致女性身体不适的紧身胸衣，并重新尝试新方法来体现女性的自然美。然而好景不长，女子的服饰重新变得华丽繁复，更加精美的紧身胸衣与更加矫饰的裙撑再次套在女性身上，女装出现了臀垫和拖裙，裙摆长度可达10米，行走时得把拖裙拿起搭在左臂上。

与男子假发相呼应，女子流行着高发髻，通过铁丝、假发、蕾丝绸缎等梳理在头上，奇特而多样，头饰上还装饰着珍贵珠宝。尖头高跟鞋成为人们的新宠，高跟鞋是巴洛克精神的体现，倾斜的线条改变着人们身姿体态，同时影响了整个时代的礼仪。

巴洛克的服饰文化进一步突出人的感官效果，使服饰在引入自由生活的同时，又从富丽豪华中流露出性感，过多装饰的服装呈现出一种柔美而奇异的特性。它在西方服装史中起着承前启后的作用，是服装文化向欧洲近代服装过渡的重要标志，也是洛可可风格服装的前奏。

深受路易十四喜爱的宠妃芳坦鸠的肖像，她穿着紧身胸衣与垫臀长裙，发髻上竖着用白蕾丝和缎带撑起的装饰，发型因而得名“芳坦鸠高发髻”（左）

西班牙公主玛蒂尔达·西比尔肖像，描绘了当时的新风格：露胸的下斜领口，高腰长裙，花边蓬蓬袖（右）

女子各种样式的高发髻

九、蜿蜒反复

——华丽繁缛的洛可可服饰（公元 18 世纪）

18 世纪的欧洲艺术呈现出多姿多彩的风貌，法国仍然是欧洲文化艺术的中心。在上流社会出现了资产阶级文化沙龙，人们追求现世的幸福和感官享受，形成了异于巴洛克宫廷文化的享乐主

洛可可建筑风格的宫殿内部（左）

《蓬帕杜伯爵夫人画像》绘于 1759 年，藏于华莱士博物馆（右）

义文化艺术形态。与此同时，因受到东方艺术风格的强烈冲击，人们开始热衷于东方瓷器、装饰品、服饰面料、彩色粉笔画等，直接影响了当时欧洲艺术的发展。于是，洛可可[①]艺术应运而生，它是一种高技巧性的装饰艺术，表现为纤巧、华丽、烦琐和精美，多采用 S 型和 C 型的螺旋状曲线，追求愉悦感官和舒适实用的艺术效果。

女性服饰是洛可可风格的代表，它的形成与发展比男装更迅速而多变。从当时的社会风尚及审美看来，女性服饰形式多样，纤柔、轻巧、性感、浮艳。都强烈地表现出洛可可艺术风格的特点。其外在的形式美到达登峰造极的境地，主要表现在：用紧身胸衣勒细的纤腰，和用裙撑撑大体积的下半身。

女性一般在紧身胸衣和裙撑外面罩着多层长袍裙，使裙摆整体呈宽松的袋状，呈现前面紧身而背后有琴褶式的拖地斗篷。华托式罗布裙是当时最受贵族妇人喜爱，也是洛可可时期的经典女

① 洛可可：意为小石头、小沙砾，指应用了贝壳和类似岩洞的石雕饰物的装饰风格，后来泛指 18 世纪的一种艺术风格。

装。从弗朗索瓦·布歇创作的《蓬巴杜夫人肖像画》中可以看到，蓬巴杜夫人[1]身穿皱褶的、镶满粉色缎带的长裙处在花丛之间，肘部和颈部都环绕着花环状的缎带，前襟、下摆都点缀着用褶裥做成的花饰，仿佛整个人已与周围的大自然融为一体，被称作“行走的花园”。

身穿名为“法国人”的长袍裙，满身点缀着花朵、花边和丝带（《蓬巴杜夫人肖像画》）

洛可可时期的西欧服装，同样受到中国及东南亚服饰风格的强烈冲击，中国的生丝、丝绸面料、款式纹样等为服装界带来清新的气息，掀起一股“中国热”“东方热”。西欧著名的拜布林花毡被中国刺绣取而代之，宫廷的贵妇们率先穿起绣有中国花鸟的洛可可式长袍裙，引领时尚潮流。

画中宫廷贵妇们穿着的席地长袍裙，前面紧身，背后琴褶式的拖地斗篷，呈宽长的拖裙形式，装饰着东方花鸟图案刺绣，花边与缎带（《爱的宣言》油画　绘于 1731 年）

当时欧洲上层社会的女性普遍流行穿宽身长袍裙，这种长袍裙通常用光彩闪烁的绫罗绸缎制作，追求花纹图案小巧精致、面料质地柔软。大领口，无腰节线，衣长及至脚踝，整体长袍呈 A 形。背部形似扇形，有密密的细褶，又宽又长，从肩部直至地面。花边、缎带，烦琐复杂的褶皱以及人造花作为装饰，整个服装如花似锦。当时的妇女穿时多开襟不扣，行走时任其迎风展开，宽大的衣身随着人体移动有飘逸之感。这种雍容华

① 蓬巴杜夫人：路易十五的情人，她有较高的审美情趣，对每套服装都精心设计与挑选，是当时的贵族乃至全社会女性效仿的偶像，一度影响着 18 世纪中叶的服装风格。

长外套是会客和社交时穿着的正式服装，领口、下摆、前襟等部位饰有精美的花卉刺绣图案。宽大硬领巾取代了领结。过膝紧身长筒袜显现肌肉轮廓成为了男装的时尚标志（《男伯爵肖像》绘于1756年）（左）

漫画描绘了空前绝后的高发髻（右）

贵的服饰与富丽堂皇的宫殿融为一体，成为这一历史时期的艺术典范。

洛可可时期的男子服装由前期的女性化趋势逐渐向简洁和流畅发展。长外套制服、背心和紧身裤成为男子的典型套装，佩戴假发或三角帽，就是洛可可时期男子的典型打扮。

缎子和织锦做的高跟鞋，鞋尖秀丽，刺绣珠宝装饰着鞋面

伴随精美与奇特的服装，追求时髦装束的人们对别出心裁、标新立异的发型和头饰也穷追不舍，假发在18世纪进入了全盛期。男子普遍戴假发，编成辫子再系上黑缎带蝴蝶结。女子的高发髻更是空前绝后，极端时最高可达三英尺。这种高发髻用马毛做垫子或用金属丝做撑子，里面填充着大量的粗布和假发，并把头发浆硬，发型师独具匠心地在头顶上做出许多造型各异的工艺装饰品，如战舰造型。制作工艺奇特的高发髻虽然满足了当时人们的装饰欲望，却给生活带来了许多的不便，成为违反自然的怪异行为，最终昙花一现。这时期的鞋子材质十分多样，鞋跟呈现优美的曲线造型，尖尖的鞋头上镶嵌着宝石，装饰美在鞋子的制作上同样展露无遗。

尽管洛可可服饰走向了追求纯粹装饰美的极端，忽略了实用功能的要素，表现出奢靡和单纯追求玩味的倾向。但洛可可服饰风格，无疑促进了欧洲各种服饰工艺技巧的发展和提高，从而将欧洲的服饰水平提升到一个崭新的阶段。

十、嬗变流行

——多彩变革的19世纪服饰（公元19世纪）

19世纪对欧洲大陆来说，是“工业革命的世纪”，是以机器工业生产逐步取代个体手工生产的一场科技革命。18世纪末的法国大革命和英国资产阶级工业革命，在此时开花结果。棉纺织业、采煤业、冶金业和交通运输业的发展突飞猛进，各种新技术、新发明层出不穷，并被迅速应用于工业生产。

先进的科学技术改变了人们的生活方式，历经一个世纪工业革命洗礼的欧洲大陆，其变化是惊人的。“农民现在拥有的是锋利的钢制犁，已把连枷扔到一旁；衣服、鞋由大工厂隆隆作响的机器制作；工匠们手提饭桶，跋涉在通往充满噪音的工厂的路上；旅行者背靠豪华座椅，乘火车穿越各地；而旅游者则在横渡大西洋的5天航程中，在甲板上打网球。”历史学家以形象的笔墨，把一幅因工业革命而带来巨大变化的欧洲大陆图画展现在我们面前。

工业革命中纺织业处于领先地位，其发展对服饰的影响最直接最明显，化学染料的发明、人造纤维的诞生、缝纫机的创制，

“珍妮纺纱机”发明于18世纪60年代，是第一次工业革命的开端

深远地影响了服饰的质量和美观。以前要从印度进口的奢侈品棉布，这时已成为社会各阶层最普通的穿着材质。

1820 年男子的装束：燕尾服、马甲、条纹长裤搭配黑色高礼帽（左）

男子穿着巨大翻驳领的紧身双排扣大衣，下着紧身裤；女子流行轻薄的高腰素色连衣裙（《约会》油画 1801 年）（右）

随着社会变革，进一步将男子推向社会前沿，男性成为社会生产的主角。男子广泛参加工业活动和商业活动，运动场的开辟、交通工具的改善，还有现代化战场的需要，都使其对服饰的要求也相应发生变化。

19 世纪初，当时的法国皇帝拿破仑·波拿巴对服装的关心程度不亚于对战争的热衷度，他不仅把时装当作国家大事，制定了宫廷内的服饰制度，还亲自为自己设计新的服装。在皇帝拿破仑的提倡和带动下，宫廷中的男服回到路易十六时代的奢华与繁复。但一般资产阶级的人们不再需要穿着装饰繁复、造型夸张的服饰

此幅画展示了法国花花公子的男子标准服装风格（《皇家街道俱乐部》油画 1867 年）

这幅漫画描绘了花花公子们通过胸衣收窄腰身，佩戴假发，使体型挺拔

来标榜自己的身份，开始追求服装的合理性，崇尚简洁、大方和整体感，强调其机能，以适应社会活动的需要。男子的服装彻底摆脱了过去多余的刺绣和传统装饰样式，发生了独特的变化。

服装仍然以外套、马甲和裤子三件套组合为主，外套收细腰身而肩部耸起，整体形态庄重、挺拔。裤子的变化则是这一时期男装最突出的变化，它的出现改变了欧洲男性下装长期穿着长筒袜或紧身裤的状态，同时也确立了现代男装裤子的样式。黑色成为礼仪和公共场合的正式服色，以表现出男性的气质特征，富有力度感。瘦长而筒形的礼帽和文明杖，成为当时男子必备的装饰品。19 世纪中叶，男装基本完成了向现代转化的变革，同色同质面料制作的外套、马甲和裤子的三件套装，被确定为男装的基本款式，并形成按照社交场合和穿衣时间选择相应套装的习惯。

由于 19 世纪初期的拿破仑复兴罗马精神，女性服饰明显体现出对古希腊和古罗马的复古风潮。巴黎的时尚前锋一反巴洛克和洛可可的过度装饰、造作与奢华，追求古典的宁静和自然。创造了一种充满理性又优雅古朴的美，对女性人体美的歌颂意识影响到女性服饰。女性抛弃了紧身胸衣和裙撑的束缚，追求古朴而健康自然的着装。以古希腊式的修长连衣裙替代了硕大裙撑的人为造型，用轻薄的白色细棉布制成，形式宽松，有衬裙。流行短发、披肩，正是古希腊服饰造型和 19 世纪的时尚结合的典型，传达出新古典主义的审美理念。

19 世纪 30 年代开始，在浪漫主义思潮的感召下，女性又开

描绘了女性抛弃了紧身胸衣和裙撑，穿着古希腊式连衣裙，外搭长披肩，相互弥补，成为当时最流行的装束(《莫利安小姐》油画绘于1811年)(左)

此时的裙长及地面，上半身到臀部非常合体，下裙呈喇叭状，袖根肥大、袖口窄小的羊腿袖再次出现（右）

始追求幻想的主观情感的东西，服饰又回到洛可可式的优雅、浪漫、性感的造型。女裙的腰线降回到自然位置，领口开得很低且大，并装饰着数层的蕾丝花边。紧身胸衣与裙撑的组合重新出现，使裙摆扩大，裙长下移，裙子的体积不断增大，衬裙数量常达五六层之多。充满羽毛等填充物的“夸张羊腿袖”，膨大化的新式女撑裙，呈现出17世纪宫廷女装的韵味。同时，流行各种样式的项链和手镯，以及镶有缎带或精美刺绣的高跟鞋，精美的小折扇子、太阳帽，使女性的形象臻于完美。

19世纪的工业革命对欧洲乃至整个人类社会产生了深刻而长远的影响，机器代替手工操作，生活方式的变化，女性参与了更多的社会活动。人们以自身为主体，对服装有更多变化和个性化的要求，人们的服饰形式和着衣观念也随之迈入了新的时代。人们在模仿传统服饰的过程中，不断淘汰繁缛的装饰和无实用机能的设计，为20世纪现代服饰的出现奠定了基础。

当时上流社会女子流行参加体育活动，轻便实用的旅行外套随即出现，女式短上衣和短裙搭配很快流行(《女子骑自行车》油画，绘于1895年)

走入——现代服饰艺术篇

一、美轮美奂的奢华衣宴
——高级时装

高级时装，又称“高级定制”，它就像金字塔的塔尖一样，代表着时尚界最高的标准。高级时装的投入是极大的，一流的面料、顶级的设计、精致的做工、高昂的价格、耗时之久的制作等一系列因素，都注定了高级时装的高起点。正如我们在米兰、巴黎、纽约、伦敦四大时装周上看到的，那精美绝伦的设计、一针一线的极致和繁复的工艺，注定了高级时装与极致奢华息息相关，美轮美奂的时装如同视觉的饕餮大餐，成为无数人的美梦。T 台上模特穿着服装走动时，无论是哪种风格，带给我们的都不仅是一种触动，更是一种感知，这就是高级时装的魅力所在。

高级时装诞生于 19 世纪中叶的法国，是法国文化的象征，它的设计初衷是为皇室、贵族、上流人士制作正规礼仪场合穿着的时装。当时法国上层社会和贵族们过着奢华的宫廷生活，宫廷贵妇和上流名媛们身着的奢华精美服饰在当时成为一大流行风尚。她们参与各种社交活动、舞会的同时，也引领着时尚流行的趋势，引得欧洲各国的妇女都以其为打扮的学习对象，纷纷效仿。

20 世纪初，高级定制的工作室场景

查尔斯·弗雷德里克·沃斯，高级时装之父

这种名媛贵妇引领时尚流行的趋势，渐渐演变成高级时装的导向，也成为而后百年的时尚风向标。

19世纪中期，一位英国人——查尔斯·弗雷德里克·沃斯（Charles Frederick Worth），是专为皇室贵族、上流人士设计制作服装的设计师。他首次将“设计”的观念引入时装界，并于1858年，在巴黎开设了第一家专为顾客量身定制的高级时装店。沃斯的服务对象是上层社会的贵族阶级，当时的法国皇后欧也妮、意大利皇后、英国女王、俄国皇后都是他的顾客。那时，女人们对沃斯的服装如痴如狂，他的顾客遍及欧洲，沃斯成为当时上流社会妇女们不可或缺的时尚领袖。在沃斯之前，并没有现代意义上的服装设计师，宫廷的服装都由裁缝制作，沃斯的出现使高级时装开始萌芽。同时，沃斯创立了服装设计的品牌概念，他在为法

欧也妮皇后身着沃斯设计的服装 1860《欧也妮皇后和宫女》油画

沃斯为格蕾夫尔伯爵夫人设计的晚礼服。晚礼服采用了优美的公主线和刺绣装饰（左）

以奢华的蕾丝、刺绣和贴花装饰色彩闻名于世。捷克·杜塞作品 19世纪末（右）

国皇室和上流社会淑女们设计的服装上签名，并确立了以个人名字命名服装品牌的意识。他第一个用真人来展示服装，并且创办每年一季的流行时装发布会，为后来高级时装的发展奠定了基础。今天，在纽约的大都会博物馆、伦敦的维多利亚·阿尔伯特博物馆和巴黎时尚博物馆里，都可以找到沃斯的设计作品。沃斯的成功引起了一些设计师的效仿，巴黎逐渐形成了以上流社会顾客为对象的高级时装中心，巴黎高级时装的辉煌从此拉开序幕。

用数百条丝绸雪纺布条制成的鸡尾酒晚礼服 巴伦夏加作品（左）

麦德林·维奥涅特作品（中）

Christian Dior 精美的高级定制时装（右）

20 世纪 50 年代，是巴黎高级时装业的鼎盛期，也是巴黎服装史上最丰饶、最奢华的时期。源于法国文化的优雅传统得到发展，并且更加洗练、成熟，乃至达到顶点，留给世人无法泯灭的深刻印象。以克里斯汀·迪奥 (Christian Dior)、可可·夏奈儿（Coco Chanel)、麦德林·维奥涅特（Madeleine Vionnet)、珍妮·郎万 (Jeanne Lanvin)、克理斯托瓦尔 · 巴伦夏加（Cristobal Balenciaga)、格蕾夫人（Madame Grès）等为代表的设计师，形成了指导世界流行的强大阵容。当时的巴黎服装界有两个显著的倾向：服装设计更加艺术性和定期推出新的廓形。50 年代的服装界，全然是巴黎“独裁专横”的时代。以克里斯汀 · 迪奥为代表的时装设计师们，接二连三地推出各种新线条，如公主线条、郁金香线条，以及 Y 线条、H 线条、A 线条，为战后的女人们重新找回了女性化的时装。

20 世纪 60 年代，时装界掀起了一场规模空前的“年轻风暴”。高品位的时装已不受推崇，专为贵族妇女、上层社会妇女服务的高级时装主导时尚的时代终结，高级时装进入萧条期。成衣时装店纷纷出现，成衣成为时尚新潮流。直到 80 年代，克里斯汀 · 拉克鲁瓦（Christian Lacroix)、约翰 · 加利亚诺 (John Galliano)、高

坚持手工艺术价值，一味自始至终以奢华风格、以十足浪漫的异国风味塑造瑰丽精致时装，是他最典型的风格。克里斯汀 · 拉克鲁瓦作品 2009 年（左）

加里亚诺古埃及系列作品，以金箔、银箔等颇为考究的材质令服饰具有强烈的历史厚重感，其细节处的处理也显现出了高级时装的魅力。2004 年（中）

以擅长运用繁复条纹、方块和艳丽花朵闻名的法国设计师 Emanuel Ungaro1996 年（右）

田贤三 (Kenzo Takada) 等新一代新锐设计师，带着他们标新立异的设计闯入高级时装界，才为高级时装注入了一股新鲜血液，使它获得新的生命力。

一直致力于传承中华文明复兴的张志峰，以“织中之圣”的缂丝绝艺演绎着精美绝伦的华服作品 2008年作品

高级服装是原创的、唯一的、唯美的设计和卓越缝制技术的结晶。不是任何一件量体裁衣的服装都可称之为高级服装，高级时装头衔是由法国高级时装公会颁授，且须具备以下条件：

(1) 巴黎设有设计师工作室；

(2) 至少雇佣二十名全职人员；

(3) 衣服必须彻底量身订做，不能预先裁剪；

(4) 其品牌时装必须每年举行春夏及秋冬两次发布会，时间为一月和七月的最后一个星期；

(5) 每年至少推出三十五套新设计的时装。

能够符合上述条件的时装品牌目前在世界范围只有 18 家。高级时装的产品是设计师高度创造能力和艺术才华的表现，它推动着世界时装的流行趋势。如今，中国的郭培、NE·TIGER（东北虎）、薄涛等知名服装设计师，也在逐步加入高级定制的行列，虽然在原创中与国际知名的大师相比还有一定的距离，但中国的设计师们努力在高级定制的国际舞台上赢得中国的话语权及具有中国特点的高级定制。

二、紧身胸衣的瓦解

——回归女性自然形态的设计

在西方人眼里，人体的曲线是自然美当中最美的形态，是美的最高境界。从古希腊对人体美的崇尚开始至今，人们从未放弃过对美的追求，对自身的改造。西方的紧身胸衣就是在美的追求上，顺应了当时当地人们的时尚追求，因此从文艺复兴开始到19世纪末，紧身胸衣一直是女性曲线美的象征，同时也是塑造人体体型必不可少的模具。它不仅突出了女性的腰身，而且让女性自身凭借胸衣的塑形，达到了空前的自我满足和美感。

从雅典克里特地区发掘出来的雕塑及壁画中我们可以看到，当时的女性就穿着突出高耸的胸部、纤细的腰肢及层叠的塔裙，使女性的曲线完美地呈现出来。中世纪的禁欲主义使女性深深埋藏起对体型美的追求，然而在文艺复兴人文主义的感召下，女性又纷纷把自己装进紧身胸衣里，以极具特征的外形，来凸现甚至夸张人体的曲线，使女性特征急剧放大。在强调裙子越来越膨大化的同时，紧身胸衣把女性的腰越勒越细，从而形成了具有唯美主义思想倾向的人工美的服饰造型。正是从这个时代开始，紧身胸衣有了固定的造型和做法，并成为脱离一般服装而独立存在的特殊部件。女性的细腰也成为表现女性性感特征的重要因素。

紧身胸衣与女性有着无尽的爱恨情仇，当紧身胸衣和裙撑塑造的形态成为性感符号时，承受肉体的折磨以追求精神的快乐，不再是一件痛苦的事情。在紧身胸衣使她们呼吸困难、几乎窒息的时候，女人们体验到的却是痛并快乐着。有人说，紧身胸衣是虐恋之美，犹如早期中国女性的“三寸金莲”一般。历时三百余

20世纪初，一个执意坚持宽大的裙子和蜂腰，而左边的女人则舒展地把自己的身体展示出来（左）

19世纪紧身胸衣（右）

年的女人们用紧身胸衣勒出纤细的腰肢，不惜牺牲健康和生命，紧身胸衣在展现女性魅力方面发挥了极其重要的作用。然而，紧身胸衣在给女性带来美的同时，对她们的身体也造成了极大的伤害。直到20世纪初，世界服装经历了一个从传统封闭式观念向现代开放式观念转变的过程。新一代女性走入社会，她们追求自由，希望摆脱传统，摆脱紧身衣的束缚，因此对于服装设计改革的诉求越来越强烈。

20世纪初，俄国舞蹈家吉阿基列夫在巴黎演出了一场芭蕾舞剧，俄国舞蹈家健美的舞姿及奇妙的东方风情，自然飘逸。服装色彩艳丽而浓重，面料轻薄而透露，配上斯特拉文斯基刺耳的音乐，构成一幅美妙的画面。这场演出为全球时尚界的彻底改变打下了基础。

受俄罗斯舞蹈的影响，以及对古希腊文化、东方民族文化的喜爱，法国设计师保尔·波阿莱（Paul Poriet）被法国时装界称为“革命家”。他的口号“把女性从紧身胸衣的独裁垄断中解放出来”，成为女性时装改革的号角。他不随波逐流，也不像其他设计师那样不断复兴以前的样式，而是勇于打破传统的观念，把数百年来束缚在妇女身体上的紧身胸衣从女装上取掉。使妇女们不仅在身体上，而且在精神上从传统习俗的束缚中解放出来。

人为的塑造S形曲线是19世纪末最流行的人体外形（左）

S形的长裙 20世纪（中）

俄罗斯的舞蹈及服饰装扮，是西欧女性服饰彻底改变的基础 1910年（右）

波阿莱设计的轻松、典雅、色彩明快的服装，把腰线上升到胸部以下，使女性身体从紧身胸衣的束缚中解放出来 1908年（左）

波阿莱设计作品的发布会在他的私人花园里举行 1910年（右）

随后他取而代之地推出了宽松、自然、简洁、流畅的高腰身的细长形希腊风格。他的这一举动使女性服装经历了革命化的转变，在世界服装史上具有划时代的意义，同时也奠定了女装流行的基调。此后，波阿莱又创作了一大批带有东方风格的放松腰身的直线型服装。他开启了20世纪现代造型线的雏形，使女性的身体首度能够活动自如、舒展放松地呈现出来。

与此同时，巴黎的另一位设计先驱玛丽亚诺·佛图尼（Mariano Fortuny）在1907年创作了一件“迪佛斯晚装”，这件晚装的灵感来自古希腊服装。他的设计放弃了紧身胸衣，整件服装自肩部开始完全自然垂悬，除了精美褶裥和为保持布料的悬垂感而在裙边缘装饰的金属小珠之外，没有多余的装饰，线条平直，女性在穿着时身体可以自由活动、尽情舒展。

具有古希腊风格的设计作品，成为了一件永恒的艺术品 马利亚诺·佛图尼

紧身胸衣虽然早期对女性身体带来几乎摧残似的痛苦，

亚历山大·麦昆设计作品　2013年（左）

杜嘉·班纳设计作品 2013年（右）

但它近乎唯美地塑造了女性特征，也成为当今设计师们复兴传统的设计素材。近些年复古怀旧风盛行，2013年复古胸衣样式时装返潮，亚历山大·麦昆（Alexsander McQueen）和杜嘉班纳（Dolce & Gabbana）春夏时装发布会上，以现代审美结合早期紧身胸衣的样式，采用特制角度的立体支架，让性感的束身胸衣外观极具装饰性，但是穿着又非常适体。兼备了设计性和展现身体曲线调整的功能，使女人展现出了最性感的致命曲线。

波阿莱和佛图尼作为废除紧身胸衣的先驱者，他们设计的服装释放了女性几百年来被压迫的身体，撼动了恒定的传统女性审美模式，成为西方女装现代化的前奏。

三、20世纪初的社会变革
——女性服装的现代化形成

20世纪20年代前后，中国与西方都经历了巨大的社会变革，西方女权运动的兴起、第一次世界大战的爆发等事件，改变了人们的生活方式。而中国的改朝易代以及西风东渐浪潮的袭来，引发了中西文化融合，中国文化融入世界文化的潮流中。中国服装

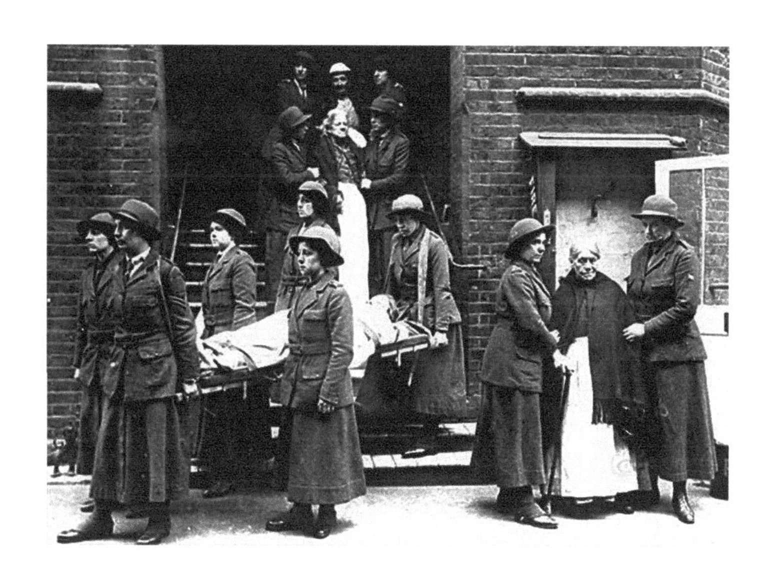

第一次世界大战中，女性成为战场的一分子，这是组织演练的女志愿者

与西方服装，随着社会发展进程相继迈入了现代化历程中。

第一次世界大战的爆发，男人们几乎全都奔赴前线，妇女成了战时劳动力的唯一资源，她们肩负起了男人的工作，开始投身至不同的工作领域。在提高了自身的社会地位的同时，自给自足能力大大提升，她们不再是家庭的附属品。随后发生在美国的女权运动，又一次在世界范围掀起。男女同权的思想在那个年代被强化和发展，在政治上获得了与男性同等的参政权，经济上因具有职业而独立的女性越来越多。繁缛的曳地长裙阻碍了女性参与社会活动的需求，她们剪去长裙，去掉烦琐的装饰，活动自如、简约适体的服饰相继出现，女装的现代化向前迈出了坚实的一大步。

20世纪初的中国，受西风东渐的影响，身着现代服装的青年男女

同时，20年代兴起了“装

腰线下降，简洁直筒形女装 1925 年（左）

身着直筒型衣裙，留男孩式发型的时髦女郎 1926 年（右）

饰艺术”运动[①]，受其简洁明快的风格、强调机能性和现代感的艺术样式，特别是直线几何形表现的影响，这一时期女人 S 形的曼妙身影不见了。历史上第一次出现了否定女性特征的直线型、机能性服饰样式，向男性看齐，头发剪短，乳房被有意压平，纤腰被放松，腰线的位置被下移到臀围线附近，丰满的臀部被束紧、变得细瘦小巧，裙子越来越短。整个外形呈长“管子状”，弱化了女性化的凹凸曲线，表现出和男性服装一样的简洁有力的风格。甚至在珠宝设计中，一些女性用的饰物也被珠宝设计师用规整的几何构图、而不是繁复的传统纹样重新设计，有的饰物甚至以机器零件、重炮弹壳的形式来制造，并在手镯上安置滚珠。此时的女人们喜欢穿短裙、留短发，再配上一顶吊钟形帽子，纤细消瘦的体型是她们所追捧的。为了约束女性的身体，她们甚至用直筒形内衣加以束胸约臀，所以当时追求这种时髦的女性被称为“flappers”（轻佻女子）。

可可·夏奈儿（Coco Chanel），一个从社会底层奋斗上来的

---

① “装饰艺术”运动：工业文化所兴起的机械美学，以较机械式的、几何的、纯粹装饰的线条来表现。

20世纪20年代的“女男孩”服装，倾向于男性的穿着（左）

夏奈儿设计的针织套装 1920年（右）

服装设计师，她的实用主义理念推动了女性服装现代化。卑微的出身奠定了她强烈的反贵族意识和为劳动妇女服务的思想，凭借强烈个性，她“要把妇女从头到脚摆脱矫饰”。她顺应历史潮流，敏感地抓住社会变化，用男性的眼光，以黑色和米色为基调，把毛针织物用在女装上。适时地推出了针织面料的男式女套装，以及长及腿肚子的裤装、平绒夹克、长及脚踝的夜礼服等，“夏奈儿套装”就产生于此时。1926年，夏奈儿发布的小黑裙系列，以简洁朴素的造型大胆地打破了传统的贵族气氛。它的设计卸去了战前的大帽、窄裙摆，绉纱的质地、高领线的剪裁、修长合体的衣袖、裙长至膝盖，裙子上没有任何多余的修饰，线条流畅，极致简洁。

这一时期，同样是现代女装先锋之一的设计师麦德林·维奥涅特（Madeleine Vionnet），创造了闻名遐迩的裁剪方式“斜裁法”。利用面料的斜丝裁出柔和的适合女性体形的女装，强调动的美感，那多样的悬垂衣襞和波浪，套在脖子上的三角背心式夜礼服，前后开得很深的袒胸露背式夜礼服，尖底摆的手帕式裙子，装饰风格的刺绣等都独具匠心。在她之前还没有过如此动人地表现人体曲线的服装。

1920年流行的服装，宽松舒适的直筒连衣裙成为流行（左）

维奥内设计服装外部轮廓线自如、潇洒，自然地表达人体 1931年（右）

凡·东根（Van Dongen）作品：描绘的正是在那个纸醉金迷年代女子的服饰现象。收藏于巴黎里尔现代艺术博物馆（左）

巴尔曼现代设计作品 1996年（中）

Gucci设计作品 2012年（右）

战争结束后，人们深深感受到任何东西都可能在一夜之间化为乌有，所以她们穿极度华丽的衣服，花大量的时间来装扮自己，享受这来之不易的胜利。及时行乐的想法让每个人都想把被一战夺去的时间抢回来。她们出入各种酒吧和社交场合，晚装成为这一时期时髦女人在这些场合展示自己着装品位的唯一机会。颓废与裸露成为那时晚装的基本形态，晚装也以直筒廓形为主，腰线下降，裙摆上升，裸露脚踝，甚至有的还会露出膝盖。用天鹅绒、丝绒、金属线织物以及雪纺等华丽的面料，和繁复的刺绣、珠子、亮片、金银薄片、珍珠等装饰，来展现自己的挥霍无度。而裙边缝缀的流苏、羽毛和串珠，为的是跳舞时呈现衣服随身体摆动时的飘逸之感。

时至今日，古驰（Gucci）、罗伯特·卡沃利（Roberto Cavalli）等当代服装设计师，依旧用20世纪20年代的各种元素融入设计中。简洁平直的轮廓、下拉的腰线设计、装饰艺术风格的拼接，大量串珠、亮片装饰、流苏等细节，都渗透着那个年代的影子，让当今追随时尚人们重温了那个时代的经典。

四、重温奢华步调

——战后复兴女性新形象

服饰的流行，总是与已经发生和即将发生的事息息相关。1929年，经济危机首先在美国爆发，然后席卷整个欧洲。经济危机引发的社会危机给各国人民带来了深重的灾难，失业现象居高不下，生活状况恶化，企业倒闭，继而引发了政治危机。在这种状况下，法西斯主义登上了历史舞台，这一系列事件的发生，给欧洲的服饰业带来了巨大的变化。

经济危机的爆发，促使女性又回到了家庭，具有女人味的传统观念重新抬头，女性服饰又一次回归优雅的气质和古典的韵味中。贴体的裙身，裙子的长度有所增长，省去了购买昂贵丝袜的花销，腰线从胯部回调到了腰部的自然位置，装饰简化。虽然大部分人在这个时候还是很拮据，但人们追求时尚的意愿并未减弱。女性服装中略微收紧的腰身和合体的裙款，使得她们的轮廓看上去更加简洁流畅，那种垂直的长线条感觉让女性看上去更加优雅和纤瘦，帽子及头饰的变化丰富多样。她们由20年代的青春男孩造型，转变成了优美、舒展、职业化的成熟女性造型。

随着欧洲局势的日益紧张，1938年，像是预感到战争的降临似的，女性的裙子开始缩短，服装设计开始走向制服化，肩部棱角分明，裙子紧凑。1939年，第二次世界大战爆发，女性被迫放弃宁静的家庭生活，加入烟火纷飞的战场，与男性一同扛起了战

即使是战争时期，人们仍然打扮的时髦（左）

第二次世界大战女性服装、头饰多样化，是当时的一个特点（右）

争的大旗，具有男性特征的女装宽肩、收腰、窄身的服装形式成为主流。由于战争期间物资短缺，人们对凡事都极度节省，直接影响了这一时期服装风格。为了节省布料，服装的款式都变得又短又小，袖子、领子和腰带的宽度都有相应的规定；女装裙子的褶裥数量受到限制，刺绣、毛皮和皮革的装饰都被禁止；裙长缩短及膝而且裁剪得很窄。一种实用性很强男性气息的装束即军服式女装成为流行时尚，宽宽的垫肩和系得紧紧的腰带，给人一种“权力”女性的印象。

20世纪40年代流行的军服式女装（左）

20世纪30年代具有军服特征的女装（中）

迪奥设计的“New Look”（右）

迪奥品牌的各种轮廓的服饰（左）

具有X型特征的女装。1953年，迪奥作品（右）

巴伦夏加作品 1951年

然而，战争结束以后，战时追求结实耐穿的军装化平肩裙装，此时却显得笨拙而呆板，这种着装形式已经让大部分女性感到厌烦。经历过战争的女性们，特别企盼表现自己温存娇柔的本性，梦想有柔软线条、奢华面料的服装来装饰自己。

1947年，法国设计师克里斯汀·迪奥（Christian Dior）成为时髦的化身，他发表了震惊时装界的“New Look”新样式服装，旋风般地震撼了巴黎和整个欧美。迪奥的设计一改二战期间军服式女装的单调和僵硬，以柔和的曲线、优美的自然肩形，强调了丰满的胸部、纤细的腰肢、圆凸的臀部。在腰身处作收窄的设计，搭配上长至小腿的圆蓬裙，这种以细腰大裙为重点的新造型，突出和强调了女性的柔美，让妇女重新焕发女性魅力，使人们按捺已久的时尚渴望得到了抒发。尽管“New Look”在设计的原则上恢复了19世

身着 Givenchy 作品的奥黛丽 · 赫本（左）

朗万设计作品 2013 年（右）

纪及以前女性服装奢华的形式至上的特点，使女性身体活动范围再次受到限制。但它那柔美的肩弧、丰满的胸部与细腰丰臀的女性化曲线，满足了女性对性感、女人化服饰穿着的渴望，为女性带来不同于战时中性、呆板服饰的新鲜感。战争期间人们那被压抑着的对于美的追求、对于奢华的憧憬、对于和平盛世的向往都借助这一新样式迸发出来了。

继“New Look”以后，迪奥每隔 6 个月就推出一个系列的设计，给时装界带来了巨大的贡献。椭圆线、波浪曲线、郁金香线型、H 形线、A 形线、Y 形系列都是立意于服装造型形式的全新创意，是一种典型的古典主义的创作态度和方法。他的每个系列都具有全新的意味，并且典雅精致、充满艺术感与创造性，使世界各地的妇女疯狂并为之倾倒。迪奥的设计重振了战后法国的高级时装业，将战后低迷的巴黎时装业推回到华丽和梦幻的顶端。

与此同时，以严谨著称的设计师克理斯托瓦尔 · 巴伦夏加（Cristobal Balenciaga）设计的服装大胆解放了肩部线条与纤细腰线，设计出放松腰身的“酒桶形”服装，是对当时风靡的“New Look”廓形的彻底颠覆。而贝尔 · 德 · 纪梵希（Hebertde

Givenchy）的设计，线条简约、富有现代感，因与好莱坞电影明星奥黛丽·赫本的合作，其美丽纯洁的气质在纪梵希设计的时装衬托下，显得超凡脱俗，成为无数女性向往的美丽经典风貌。

时尚总是会无限轮回，20 世纪四五十年代的时尚在 2013 秋冬国际时装上大放光彩。设计师们从 20 世纪 40 年代的服装风格中寻找灵感，推出新时装。其中从迪奥先生的旧系列中寻找灵感、将蜂腰伞裙的服装外形运用在当今的设计中，还有以“二战”风格为依托的修身伞裙大衣，展现了“二战”时期女性的魅力和风采。

五、以艺术感召时尚设计

——现代艺术流派的再现

19—20 世纪是一个历史大转折和知识爆炸的年代，这个时期发生的事件直接影响着艺术形式的发展。传统写实的绘画受到了猛烈的冲击和挑战，特别是摄影的发明让绘画艺术的写实功能相形见绌。面对现状，西方艺术家的思想观念开始裂变，艺术家开始试验把各种新的观念、形式和材料纳入到艺术表达的范畴之内，涉及除绘画以外的雕塑、建筑等各个领域。同时，现代艺术也在“工艺美术运动”等的引导下，先后形成了“装饰艺术”运动、“立体主义”①、“超现实主义艺术”、“极简主义艺术”②以及“波普艺术”等颇具影响力的艺术流派。

几何化形式的立体主义绘画作品《坐在扶手椅里的穿衬衫的女人》油画　毕加索　1913 年

① 立体主义：用几何图形（圆柱体、圆锥体、立方体、球体等）来描述客观世界。

② John Pawson 把“极简主义”定义为：“当一件作品的内容被减至最低限度时所散发的完美感觉。”

现代艺术流派产生以及所带来的文化思潮，影响了很多艺术家及设计师，他们的代表作品以其强烈的艺术感染力不仅震撼了那个时代，对后世也产生了极其深远的影响。19世纪末产生的“工艺美术运动”，就是因为工业革命的批量生产造成工业产品外形粗糙简陋、没有美的设计，一批艺术家主张回归中世纪传统，以精湛手工艺技术加上受过专业训练的艺术眼光来设计制造生活用品，要求塑造出“艺术家中的工匠”或者“工匠中的艺术家”。当时的英国服装设计师查尔斯·沃斯用他纯手工制作的方式，在他设计的服装作品上大量运用精致的褶边、蝴蝶结、蕾丝花边等装饰，营造了华丽、娇艳的风格，得到了上流社会甚至是王室和贵族的认可，展现了其高级时装精湛的工艺技巧与艺术素养。

波阿莱设计的天鹅绒印花大衣。天鹅绒上的花纹设计出自法国画家拉乌尔－杜菲之手 波阿莱 1911年

20世纪30年代的欧洲，由于战争引发了经济萧条，让人们的生活苦不堪言，整个社会弥漫着强烈的厌世、悲观的情绪。那时的艺术家们开始逃避这种现实，幻想追求脱离现实悲哀与残酷的精神世界，于是“超现实主义”① 风潮油然而生，并对当时的时

① 超现实主义：其理论背景为弗洛伊德的精神分析学说和帕格森的直觉主义。强调直觉和下意识，呈现人的深层心理中的形象世界，尝试将现实观念与本能、潜意识与梦的经验相融合。

鞋子做成了帽子，衣服口袋用嘴唇的形状 夏帕瑞丽作品（左）

安迪沃霍尔作品印在服装上 范思哲作品 1991年（中）

蒙德里安冷抽象绘画的表达 圣洛朗作品 1965年（右）

装流行起到了很大的影响。艾尔萨·夏帕瑞丽（Elsa Schiaparelli）是当时对时尚最具独到敏锐感的时装设计师，她喜欢印花纹样的设计，不论是超现实主义绘画、未来主义画家的作品、非洲黑人的原始图腾等，都是她作品中常见的元素。作为超现实主义画家达利的好朋友，达利为她设计了一系列别出心裁的印花图案，成就了她著名的印着鲜红的龙虾和绿色欧芹的白色夜礼服。夏帕瑞丽想象力丰富、新奇，设计大胆，甚至怪诞，颠倒和改变了服饰原来的功能和形式。她成功结合了艺术和时装，大大颠覆了当时时尚圈的保守观念。她的创作，奇而不失高雅，怪而不落俗套，因此被称为“时装界的超现实主义者”。

20世纪60年代波普艺术成为主流，时尚圈吹起一阵色彩鲜明、愉悦的波普风潮。波普艺术是一种“大众化的、便宜的、大量生产的、年轻的、趣味性的、商品化的、即时性的和片刻性的”形态与精神的艺术风格。设计师伊夫·圣·洛朗（Yves Saint Laurent），把“风格派”冷抽象画家蒙德里安的作品“构图”直接印在服装之上，展现出冷静的科学的形式美，得到了时尚界的推崇和一致认可。同样，服装设计大师詹尼·范思哲（Gianni Versace）以安迪·沃霍尔（波普核心艺术家）的《玛丽莲·梦露》为题材，将其作为图案设计出一款长裙，表达了他对于波普艺术的崇敬。

亚历山大·麦昆颇有戏剧性的作品，用机器人在服装上现场作画 1999 年

许多服装设计师都与艺术有很深的渊源，他们不但是设计师，同时也是资深的艺术品鉴赏家、收藏家。圣·洛朗就是其中之一，他先后将现代艺术“立体派”画家毕加索的作品设计在服装上，随后将马蒂斯、凡·高和勃拉克的作品“蝴蝶兰”和“向日葵”搬上了他的时装。圣·洛朗将艺术、文化、美学等多种元素融汇于服装设计中，运用敏锐而丰富的艺术素养，力求服装如艺术品般赏心悦目，堪称是用绘画艺术设计服装的典范。

无论什么时候，艺术总能出现在时尚的舞台。2014 年春夏时装周，五颜六色的色块、彩绘壁画、艺术涂鸦、抽象油画等种种让人意想不到的浓烈鲜艳彩画，纷纷印在了赛琳（Celine）、夏奈儿（Chanel）、让·夏尔·德·卡斯泰尔巴雅克（Jean · harles de Castelbajac）、普拉达（Prada）的 2014 年春夏系列服装上。赛琳从布拉塞（Brassai）的涂鸦作品中汲取灵感，设计出红、绿、黄、黑为基调的艺术连衣裙，宽大的廓形加上不同走向的百褶裙的剪裁，时尚艺术气息不断上升。夏奈儿以七彩缤纷的色块装，搭配不规则的肩部吊带设计，吸引着众人的眼球。让·夏尔·德·卡斯泰尔巴雅克以涂鸦感十足的黑白卡通人面印上圆点色块彰显个性。把画作直接印在衣服上的莫斯奇诺（Moschion），为时尚的服装增添了一丝艺术感。普拉达将彩绘壁画印在时装上，加之简洁的时装廓形，凸显了艺术的美。

让·夏尔·德·卡斯泰尔巴雅克作品 2014年（左）

韦斯特伍德把涂鸦艺术家画作印在了服装上（中）

普拉达作品 2014年（右）

六、反传统的先锋

——为自由而颠覆的时装

“假如我死后百年还能在书堆里徜徉，你猜我将选什么？我会不假思索地拿起一本时装杂志，看看我身后一个世纪的妇女的服饰，它将显示给我未来人类的文明，会比一切哲学家、预言家和学者们所能告诉我的要丰富得多。”

——阿纳托尔·法郎士

20世纪60到70年代，是全球大动荡的时代。中国的“文化大革命”，西方的反殖民主义、反种族歧视、妇女争取权利运动、学生游行、工人罢工等运动盛行，人们对当时西方社会现存政治体制的不满情绪充斥着整个社会。这种风潮颠覆着人们的世界观、价值观和审美观。当时许多欧美国家的年轻人开始盛行一套与其父辈截然不同的生活方式，摇滚乐、嬉皮文化、性解放、吸毒，以及各种独出心裁的表演艺术等青年亚文化现象引起轩然大波，而这股强大的风潮，也冲击着西方的主流文化，翻开了西方服饰文化新的一页。

巴黎的年轻人联合起来进行游行示威，抗议资本主义、保守主义 1968 年

这场“年轻风暴”打乱了持续百年的传统秩序，否定了 50 年代奢华、唯美、高级时装的璀璨光芒。那个时期的年轻人对父母、教会、师长都不再崇拜，“反权威”成为他们的主要思潮。在时装上，他们弃 50 年代的优雅传统，纷纷效仿嬉皮士、摇滚歌手们怪诞的着装方式，希望能够标新立异。

大卫·鲍伊，摇滚巨星，身着山本宽齐设计的“林地生物”，舞台服装化妆、发型使他跨越了性别的界限 1974 年

“年轻”是 60 年代广告和媒体中最时尚的词汇，以年轻为主导的时尚盛行。英国设计师玛丽·匡特（Mary Quant）提出口号：“剪短你的裙子”，推出了以伦敦街头的年轻人为对象的、富有革命性的迷你装，使 60 年代初伦敦服装界以年轻服饰领导了世界的时装潮流。前卫派的设计师们在作品中已不断接受并体现出年轻的

新鲜、年轻、顽皮、释放自我，仿佛来自另一个星系。未来主义设计师库雷热 1969年

时代气息，女装向年轻化、轻便单纯化方向发展。这一时期，女孩子们喜爱穿厚而无形的运动衫，黑色长筒袜和紧身裙；男孩子们喜爱灯芯绒裤子、便鞋和蓄胡须；粗毛尼外套和凌乱的头发不论男女同样喜爱。

摇滚乐的广泛传播对年轻一代也产生了很大的影响，当时最著名的摇滚乐队披头士乐队的穿着成为乐迷们争相模仿的对象。一直扣到颈部的无领衣服，内穿白衬衫，系着领带，穿着长筒皮靴，头发剃成圆圆的刘海式样，这种服装造型很快进入社会各个阶层。迪奥的设计都被年轻人抛弃，高品位的典雅时装已不受推崇，年轻人追求的是标新立异、与众不同的新设计。

与此同时，“嬉皮士”以对抗传统、反对越南战争的面貌出现。他们主张一种他们认为更加自然的生活方式，崇尚个人主义以及东方的宗教，反对传统的服装样式。他们身着雨衣、阿拉伯男式上衣、阿富汗外套，并将其他民族的图案用于自己的服装中。他们的服装不拘一格，形式怪诞，以少数民族的装束来对抗西方

60年代晚期的滚石乐队，长发、花格衬衫、彩色条绒长裤。他们的穿着成为当时男士们的偶像（左）

60年代最流行的迷你裙，拉链式运动上衣和长裤的组合。搭配金属带扣、黑色丝袜、长筒靴等。皮尔·卡丹设计 1960年（右）

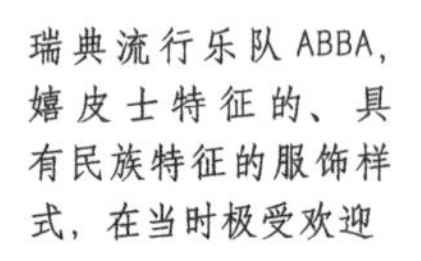

瑞典流行乐队ABBA，嬉皮士特征的、具有民族特征的服饰样式，在当时极受欢迎

具有中性风格的3件套细条纹套装。伊夫·圣·洛朗 1967年（左）

讲究极度个性与解放的现代朋克们，破旧皮衣、金属铆钉、浸染过的鸡冠头发型。这是全世界朋克的标志 1989年（右）

传统服装。常在脖子上挂着各种串珠，以及一些二手商店、印度商店里淘来的东西。男性嬉皮士通常留着大胡子，头发长而凌乱地披在肩膀上；女子脸上常画有花纹，头上有象征和平与爱情的花朵。崇尚嬉皮文化的法国设计师圣·洛朗大胆开创了中性风格，设计了第一件女性吸烟装，令当时的人们大开眼界。追求自我解放的中性“吸烟装”，一时成为女人趋之若鹜的新宠。

随后的70年代兴起了一股叛逆文化的朋克风潮，一种可谓无法无天的另类服装。男女皆是廉价的假豹皮皮衣、闪光的上衣、印着挑衅话的T恤衫和光怪陆离的发型及装饰，成为70年代盛行的朋克装扮中最主要的另类象征之一。

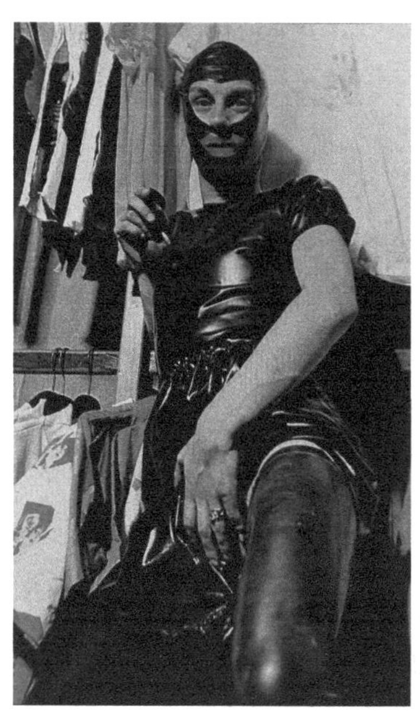
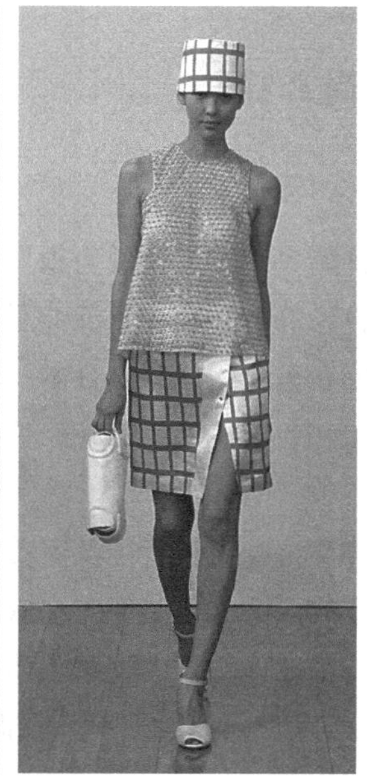

韦斯特伍特设计作品 1974年（左）

Eudon Choi 作品 2013年（中）

巴伦夏加作品 2010年（右）

英国设计师维维恩·韦斯特伍特（Vivienne Westwood）的名字之所以作为设计师载入史册，就是和“朋克”紧密地联系在一起。维维恩·韦斯特伍特认为，“性即是流行”。1976年，她推出了全黑的奴役系列服装，黑色的皮革、闪烁着非人性光泽的黑色橡胶面料时装，搭配着别针、皮带、金属链和拉链的设计，将朋克族推向了一个前所未有的“性”高潮。作为当时前卫派的极致代表，她的设计为20世纪70年代的朋克文化做了明确的诠释。

在当今的时装设计作品中，依稀可见20世纪60年代的身影。2013年的春夏国际时装周上，20世纪60年代的年轻风潮又高调回归，普拉达（Prada）秀场上，模特穿着的几款库雷热风格的超短裤装，隐隐渗透出20世纪60年代的风格。路易·威登（Louis Vuitton）设计的一系列A字轮廓、迷你短裙短裤，再次强调了20世纪60年代年轻风潮的回归。而莫斯奇诺（Moschino）秀场上，模特A字轮廓、迷你裙、套装裙、乌蝇墨镜的造型，俨然是20世纪60年代时尚的翻版。同样，在2013年春夏服装发布的“吸烟装”继续引领潮流，经典吸烟装被改良，在圣洛朗（Saint Laurent）、拉夫·劳伦（Ralph Lauren）的作品中得到了完美的诠释。

七、人与自然和谐的时尚音符

——来自东方着装哲学

从几千年前的古老中国开始，东方文化便生根发芽。并在漫长时间的浸润和滋养中，用自己的智慧和汗水沉淀了熠熠生辉的厚重文化，形成了源远流长的东方文化体系。日本、韩国等东亚各国无一不受到中国传统文化和哲学思想的影响，彼此之间形成同根同源的紧密关系。

以中国文化为主流的东方文化，文化特征及审美意识与西方文化截然不同。反映在服饰上的西方文化是以“窄衣”来展现人体的形态美，强调人的体形特征，体现了“追求人体美”的服饰理念。而东方文化的服饰则以“宽衣”为核心理念，强调衣遮蔽体，将人体美隐蔽在宽大的布幅当中，并将“宽衣博带”与天地、自然融入一身，体现出东方文化“天人合一”、自然和谐的哲学观念。随着东西文化思想的交融与碰撞，东方服饰所表达的自然和谐的宽衣文化，逐步渗透到西方文化及服饰的每个层面。

20 世纪初，让西方女性摆脱紧身胸衣的设计师波阿莱，因对东方文化的喜爱，采用了中国、日本、印度等东方风格来设计服装。这对传统的欧洲女性服装有很大的冲击，虽然他对东方文化缺乏

《怀念》 油画 赵无极 1973 年

蹒跚女裙 波阿莱 1910年

深入地了解，但其模仿日本和服而设计的作品“蹒跚女裙”成为那个时代的时尚标志之一。

20世纪七八十年代，当西方还沉浸在千篇一律的性感调式中无法自拔时，日本设计师高田贤三（Kenzo Takada）、三宅一生（Issey Miyake）等携带着他们带有神秘的东方气息的服装设计来到巴黎。日本的设计师们所展现出不同于西方、全新形式的东方式服饰外形。女性身体不是被凸显出来，而是被遮蔽起来，这种刻意隐藏女性躯体的比例、胸型和腰部曲线的方式，用东方服装的平面式和直线裁剪的组合，形成了宽松、自然以及人与大自然和谐神秘的东方着装哲学，让巴黎乃至世界服装界为之震撼，颠覆了西方人眼中一贯的审美观。

三宅一生的设计作品，以宽松、自然的服装造型表达东方的着装哲学 1974年（左）

结合东西文化的日本剑士装扮 山本耀司 2012年（中）

以日本水墨画印花著称的设计大师高田贤三作品 1994年（右）

三宅一生的设计是“创造人体和服装的和谐之美，于服装上则表现为宽松飘逸，隐人体于服装之内”。其时装一直以无结构模式进行设计，用一种最简单、无需细节、平直宽大，把服装展现出来，摆脱了西方传统的对人体形态塑造模式。他的“一生褶”（PleatsPlease）为主题的系列时装，在时装界引起了极大的轰动。他设计的褶皱考虑了人体的形态和运动的特点，按照人体曲线或形态需要来调整衣片与褶痕。三宅一生的褶皱服装平放的时候，就像一件雕塑品，呈现出立体几何的图案，穿在身上又符合身体曲线和运动韵律。这是一种基于东方文化与现代技术的创新模式，反映了东方文化关于自然与人和谐美的哲学。

而高田贤三设计中自然清丽的色彩氛围，不使用塑造人体曲线的省，把人体从既成的禁锢中解放出来，形成了宽松、舒适、无束缚感的“自然天成”的服饰形态。以日本的和服文化为灵感，与嬉皮士风格融合在一起，打破传统平衡的设计，使他成为世界上第一位将传统和服直身剪裁技巧运用于时装设计的人。高田贤三设计的直身剪裁令人衣着舒适，且具有东方文化独特的美感。

而川久保玲（Rei Kawakubo）和山本耀司（Yohji Yamamoto）的设计，则是模糊了人体与衣服之间的界限。蔑视20世纪以来西方穿衣要体现人体曲线的观点，汲取日本传统服饰的精华，在

乔治·阿玛尼，“竹”抽象与具象的表现，融入被稀释了的蓝色绿色水墨中，如诗如画，体现东方优雅的典范　2015年（左）

来自于日本美学中的不规则和缺陷文化，宽松、刻意的立体化、破碎、不对称、不显露身材是川久保玲的风格　2007年（中）

用服饰语言表现人的特质和内心　马可设计作品　2002年（右）

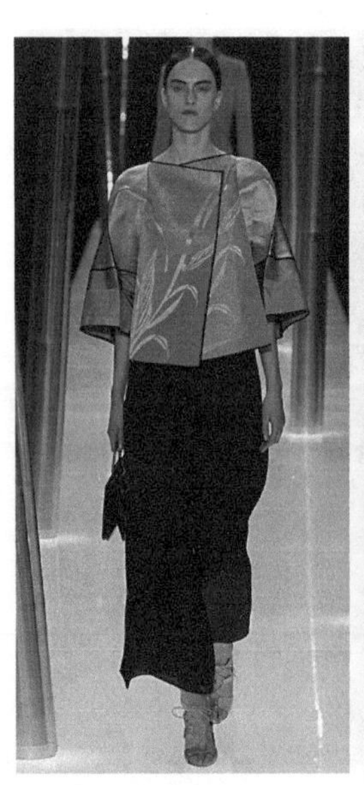

造型上以和服为基础，运用层叠、悬垂、包缠等手段，从两维的直线出发，形成一种非对称的外观造型。舍弃了丰富的色彩，采用单色的苦行式风格,正是日本传统“水墨画”的色调。那些像“破布”一样的服装，在外观上反映出一种完全不同于西方装饰奢华的服饰，达到一种低调、自然、流畅的服装形态。

中国的服装设计师也在不断摸索东方文化与世界时尚接轨的探索中前进。“例外”的设计师马可，在设计中体现的是对东方文化及人性的思考，体现生活哲学。她崇尚人性的释放，尊重作为生命存在的人的精神本身。其品牌例外“EXCEPTION”，把创新的精神转化为独特的服饰文化以及当代生活方式。“例外”采用行云流水而朴实的设计，材质上一贯是以棉、麻为主，色彩柔和低调，无明显的收腰，不强调胸、腰、臀的“围差”。注重穿着状态设计及人体变化而产生的自然形态，其服饰风格展现出东方文化特有的含蓄、内敛与自然的和谐。

“天意”品牌设计师梁子，她的设计作品以简单干净的线条和古朴天然的面料，以及精致的绣花工艺，将东方元素与国际时尚完美结合，追求中国文化精髓“天人合一”的和谐境界。她的设计作品简单易穿，又有东方的韵味在里面。她挖掘出了濒临消失的莨绸面料，并用莨绸设计成服装。其服装轻盈、灵动的效果与古朴凝重的色彩相结合，展现了当代服饰置身于东方文化“天地人合而为一”的设计理念。

追求中国文化“天人合一”的设计师梁子作品 2013年（左）

青花瓷纹样的精致、传达出东方服饰美的哲学 郭培作品 2010年（中）

胡小平作品 2009年（右）

八、传统美的颠覆者

——多元化的后现代时尚设计

后现代主义是20世纪60年代开始的文化思潮，反对各种约定俗成的形式，重新呼唤人文愿望的觉醒。这一时期人们开始对现代主义风格进行反思、反叛、剖析和探索，形成了一种世界性的文化思潮，并渗透到社会生活诸多领域。一时间，原有的社会状态及规范受到严峻挑战。这种后现代文化现象，对当代社会产生了深远的影响。

这一时期的设计打破了各种界限，如感性和理性、艺术与生活、美与非美等，表现出强烈的反叛倾向，对于过去已形成的传统服饰观念与模式给予拆解与淡化，那种由一种风格统领十几年的时代已经不复存在。取而代之的是人们自己酝酿的时尚，人们着装随意化、个性化、非正式化。内衣变成了外套，内长外短、昂贵的破洞衣衫，外翻缝隙的长款风衣，90年代以来，服饰流行进入了一个追求个性与时尚的多元化时代。不同历史时期、不同民族地域、各种风格流派的服装相互借鉴，循环往复。传统的、前卫的、各种新观念、新意识及新的表现手法空前活跃，具有不

游离于传统与反叛之间，以戏剧性、天马行空的创意著称的服装设计师亚历山大·麦昆作品 1997年（左）

Ann Demeulemeester 的服装充满了高度的张力，从而流露出“灵魂”的千层万面。这些服装如同刀一般简单直接 2014年（右）

同于以往任何时期的多样性、灵活性和随意性。人们在着装时不只是要表现一种视觉效果，还要表现一种生活态度、一种观念和情绪。

这一时期的设计师，以一种全新的方式来定义时尚和服装本身的概念和价值。其主导思想是以否定为基础的，反常规、反传统，推翻一切理性思维的创作模式，美学规则似乎在一夜之间被打破了。它与现代派服饰以对立的形式存在着，是对传统审美标准蓄意的颠覆与破坏。

设计师要做的就是标新立异和与众不同，在这个充斥着不同潮流的时代，设计师们以解构、游戏、折中与风格泛华的后现代表现手法，将时装设计变成了破除传统的实验室。破洞的衣服、夸张丑陋的装饰、性的暴露、不符合人体的外形，在高级时装秀上随处可见，他们快速创造时尚同时又颠覆着时尚。

英国设计师胡森·查拉扬（Hussein Chalayan），以文化人类学的视角看潮流变换的舞台，他偏执地采取文化议题式的感性设计，为时装界带来了出乎意料的新意。他认为服装作为一种独特的创作语言，具备概念传播、精神交流的无限可能，甚至于引发深度思考，继而改变行为。所以他选择以更具挑战性的实验方式，表达对于社会、技术、文化与人体的见解。1998 年春夏，胡森·查

把腐败的和过时的材质组合在一起，挑战现有的时尚观念。解构主义　马丁·马吉拉作品　2009 年（左）

Viktor&Rolf 致力于概念艺术中的实验性设计　2007 年（中）

Hussein Chalayan 作品　1996 年（右）

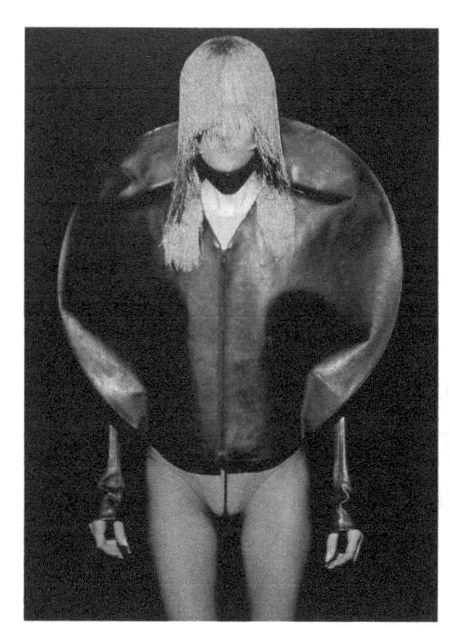

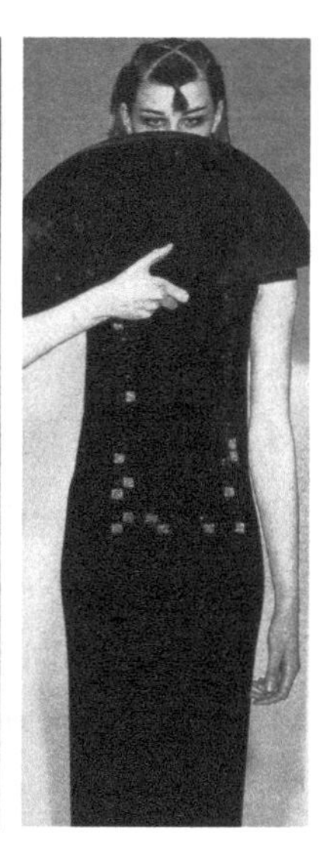

《Before Minus Now》系列作品，人们到最后时刻基本上只能带走他们能带的东西　胡森·查拉扬　2000年

身着戈尔捷设计服装的麦当娜在演唱会演出（左）

让·保罗·戈尔捷作品　2004年（右）

拉扬发布了名为“皇帝新衣”的作品，他在沙滩上立三根小棍，棍之间用一根线相连，模特就站在线所围住的区域当中。线象征性地成为了“服装”，女模特看起来什么也没穿，但似乎又不是绝对的赤裸，她们前面有用一条线构成的“衣”。2000年的春夏《Before Minus Now》系列，以难民面对战争时的反应为灵感设计，让模特在表演的时候，将台上的四把扶手椅、一张桌子、一部电视机拆卸，使其变为能穿在身上的立体的硬挺衣服，并将扶手椅加以折叠成为手袋，他把家具融入服装设计中，使“家”和服装

“土地”作品，以新颖的面貌、新鲜的视角和新锐的触觉，诠释一个独立重生的东方哲理 2008年 马可

丁勇设计作品 2008年

融在一起。胡森·查拉扬以实验的方式去探索着时尚界的未来，为多元化的时尚设计增添了缤纷的色彩。

让·保罗·戈尔捷（Jean Paul Gaultier）的服装向来以奇、异、怪、绝著称。1990年，他为麦当娜巡回演唱会设计的“淡黄色的野心”——锥形的胸罩、铠甲般的紧身胸衣，大胆到惊世骇俗，让观众为之欲火燃烧。让·保罗·戈尔捷通常与法国设计师们所追求的高贵感设计背道而驰，破旧立新是他的作风，把通俗植入高级时装，融古今雅俗为一体。裙子穿在长裤之外，短裙穿在长装之外，内衣外穿，薄纱做成棉花糖般的衣服，不对称杯罩的胸罩等。他不知多少次以大胆的创作令时尚界哗然，用后现代主义风格来形容他的设计，最恰当不过。

中国设计师马可的作品“无用”，主题是“土地”，她努力表达自己对生命源头和灵魂归宿的反思。马可不破不立的设计理念在她的作品“无用”中显露无遗，几乎所有的衣物都采取了超码、做旧处理。繁乱的缠绕、粗糙的缝制以及作为设计元素之一的泥土，所有这一切，仿佛都是要和努力追求完美的现代设计理念做坚决的对抗。马可这样说道：“所有人都在追求有用，做个有用的人，做个有用的物件——我喜欢无用，才能赋予它新的价值。价值从不在物件本身，而在使用的人。”从马可的叙述中，我们真正理解了马可勇于反叛传统、寻求突破的精神根源。

中国服装设计师丁勇，本职是“画家”的他身处时尚潮流的前沿，扮演着引领时尚潮流的角色，却从不关注时尚风云，更鄙弃跟从时尚潮流。他特立独行，其作品“伤痛”的发布，意在反思人类在战争中失衡的、被颠覆的、错乱的心理世界，用服饰的语音传达出心理与肉体上的伤痛。服装以天然的棉麻作为材质，以自然白色以及整染的黑灰色来形成忧伤、凄美的气氛。设计中使用的大量连体服饰并配以模特苍白的妆容，都是为了表达人与人之间的一种伤害与被伤害、心灵伤害与肉体伤害的关系，给人以刺痛的震撼。

作为一个特立独行的潮流推动者，他一直坚持自己的设计理念，在传统的灵魂中发现边缘美，在边缘中找寻共性特征，用非知性的语言表达风格迥异的时尚态度。

九、日新月异的潮流
——聚焦快时尚的设计

随着现代社会的高速发展，以及国际互联网络跨越南北东西，一夜之间全世界的人都可以知道发生的任何事件。世界在飞速的信息化、一体化中向前发展，我们的日常生活已经被越来越多的国际品牌包围。这一切改变了人们的生活，也改变了人们对物质世界的要求。

早在20世纪70年代，大众成衣品牌崛起，并随着时间的推移发展壮大，其地位日益稳固。但随着全球经济的快速增长，国际贸易活动急剧增长，以及服装贸易市场竞争的日益激烈，服装品牌战略成了各品牌服装竞争的主流。而快时尚品牌的建立，则以全新的价值体系展现在大众眼前，人们不由得会想到它风靡业界的品牌特征，“一流的设计，二流的品质，三流的价格”。就像大多数人说的，只需几百元你就能拥有LV、DIOR、CHANEL等顶级品牌的作品，这就是快时尚品牌魅力所在。它瞄准的，是那些买不起顶级品牌却又喜欢时尚设计的年轻人的需求。

快时尚的代表品牌有西班牙品牌ZARA和MANGO、瑞典的H&M，以及美国当下最火的Forever21、GAP等。德国的C&A、日本的UNIQLO、法国的URBEN REVIVO，这些品牌产品的特征都以更新速度快，紧跟当季国际流行设计以及价格平民化，被

"ZARA" 品牌（左）

"Forever21"，以年轻、活力、时尚的形象吸引着众多的年轻消费者（右）

消费者称之为"平民时装"，受到大众的喜爱与追捧。

英国《卫报》把快时尚形容为麦当劳一样的大众化时尚品牌。快时尚的大众化使时尚的阶级符号变得越来越模糊和含糊，快时尚的大众化已经模糊了时髦精英和芸芸众生之间的区别，已无明显的等级区分。快时尚是服饰业应对当今快节奏的大众生活而推出的新型营销策略，采用流行、新鲜低价、限量的手段，迅速征服全球市场和消费大众。ZARA 是快时尚品牌文化内涵运用的典范，其对时尚的快速反应，不仅适应了快速经济的时代背景，更为世界不同地区带来了西班牙式的服装风格，为不同文化背景的

H&M 以紧跟时尚潮流的设计和低廉的价格，尤其受追求时尚潮流的学生族喜爱

UR（URBAN REVIVO），每年推出万款新品，让消费者第一时间领略时尚尖端流行（左）

美国快时尚品牌 GAP，以价格合理、式样简单的休闲服装为标志，代表着美国普通年轻人的时尚：简洁、大方、休闲（右）

人带来了新的生活方式及文化休闲，将时尚服装平民化与大众化的消费理念传播给消费大众。

ZARA 品牌拥有 200 多名设计师，他们穿梭于巴黎、米兰、纽约、东京等时装之都的各大秀场，并以最快的速度推出仿真的时尚单品。ZARA 的一件商品从设计、试做、生产到店面销售，平均只花三周时间，最快的只需一周时间。每一种款式限量、限时，刺激了顾客的购物欲望的同时，对于热爱潮流的人士来说，更让他们感受到了时尚的潮流。

C&A，以其适合多种场合，并为全家带来领先的时尚潮流产品而享誉全球（左）

西班牙快时尚品牌 MANGO，以时尚、摩登、流行、大都会感的服装设计赢得全球女性的一致青睐（右）

除此之外，快时尚品牌和顶级设计大师的合作，在这个日新月异的快时尚潮流中逐渐成为一种趋势，其所产生的影响在快时尚品牌中也是极大的。

H&M以最便宜的价格代表了时髦和质量，它每年都会选择一位顶级设计大师为品牌设计服装，卡尔·拉格菲尔德、斯特拉·麦卡托尼（Stella Mccartney）以及亚历山大·王（Alexander Wang）、超级歌星麦当娜等人，近几年都曾与之合作，设计并推出了新款服装系列，在欧洲及亚洲包括中国在内引起了疯狂的抢购热潮。

服装经历了从高级时装到高级成衣的演变，再到现在以大众成衣为主导的多元发展，无时无刻都反映出时代的发展需求。快时尚作为大众成衣的一种新型营销模式，更是将时尚潮流展现得淋漓尽致。

十、厚积薄发
——中国时装界的先锋队

中国的服饰文化有着几千年的悠久历史，有着极其丰富的文化内涵，曾被誉为“衣冠王国”。在历史上，中国的服饰曾达到过鼎盛时期，但历史终归是过去。几千年服饰文化的灿烂辉煌，如今已成为现代人对悠久历史文化崇敬和汲取营养的创作源泉。但是，中国在20世纪初至80年代这多半个世纪里，服饰业十分萧条，人们衣着单调，在服饰方面的物质享受和精神享受都非常贫乏。由于特定的历史背景和社会因素，中国的服饰千篇一律，出现了清一色的蓝、灰、军绿等单调的现象。以当时的社会条件，还不能说有服饰设计，只能说有制作服装的“裁缝”。

直到20世纪70年代末80年代初，随着中国经济的改革开放，对外开放的大门的打开，我国的服饰设计才真正走上了发展道路，并以飞快的速度发展。从服装产业到高校的服装设计教育，从每年举办的国际时装周到中国服装设计师协会举办的各类服饰设计大赛，这些都为我国服饰产业的发展提供了广阔的前景与平台。

在中国快速发展的30年间，我国的服饰业进入一个高速发

1979年，法国时装设计师皮尔·卡丹在北京民族文化宫举行了首次服装展示。台上衣着的多姿多彩与台下的一片“灰、黑、蓝”形成了鲜明对比

展的时期。一大批实力雄厚的服装集团崛起，有以“实业家”发展的服装品牌，有以传统的服装手工艺继承下来的传统品牌服装，也有以服装设计师个人创立的品牌服装，但无论是哪种形式，服装企业与服装设计师们都在为中国的服装发展而努力。以前看到的那些设计精美、华丽的服装大多是来自国外的品牌，现如今，处处可以见到我国服装设计师设计的品位十足、制作精良的服装。在经历了盲目跟从到复制与简单的模仿、从“中国制造”向“中国设计”漫长的转化中，一大批年轻的才华横溢的中国设计师们，为创造中国的品牌、中国的设计而奋斗，用设计的力量创新中国服装的时尚魅力。他们付出了艰辛的努力与汗水，成长中的酸甜苦辣也奠定了设计师们成功道路。从20世纪80年代老一辈的袁杰英、李克瑜，到90年代王新元、张肇达、刘洋、吕月、吴海燕等为首的早期优秀的服装设计师们，至2000年以后服装设计界的风云人物马可、梁子、郭培、王玉涛、武学凯、谢峰、计文波、罗峥、

1980年，身着流行服装的青年

雪莲羊绒作品 1993年（左）

袁杰英作品 1994年（右）

祁刚、张志峰等，以及近几年活跃在海外国际时尚舞台的年轻一代新锐设计师张弛、王庆峰、万一方、殷亦晴等，他们每一季的作品，通过色、形、质、意饱含激情的塑造，用自己的作品来表现中华民族的内涵及审美情趣。在尊重中国传统文化烙印的同时，传达着流行文化的感悟，又具备国际化的视野。

多次荣获服装界最高奖项的张肇达，每一场时装作品的发布表达出自己对祖国山河的感悟，以自己的时尚行为，表明了一位身居中国时装设计最高位金顶奖设计师的责任感；作为中国时装设计领军人物之一的刘洋，最早以时装秀红遍中国T台，每次都能给业界留下极大的反响；才华横溢的设计师马可，用时装作品在巴黎悄然展现中国设计师对东方哲学和生命的认知，体现着一个服装设计师在履行生态责任、道德责任、文化传承责任方面的严肃态度；郭培用智慧与激情，将一个个单独的、甚至寂寞的时装蒙太奇，构筑成一个艺术的“玫瑰梦工厂”；谢锋作品中优雅和成熟的性感是深入骨髓的，就市场价值而言，谢锋的高级女装品牌吉芬，仅仅几年，就成为北京乃至中国服装行业中绝对的重头品牌；罗峥的设计作品，传达了她设计的时装品牌一贯的浪漫时尚情感，作品中特有的行云流水般变幻的美丽，大量而巧妙运用的立体裁剪技术，从色彩、造型中创造出一种有想象空间的立

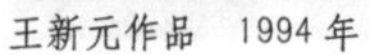

王新元作品　1994 年

刘洋作品　1993 年

计文波设计作品　2007 年

体设计，赋予了每一件作品生命和灵魂；梁子用保护、传承和设计研发的态度，将非物质遗产的莨绸文化重新演绎成时尚文化，用写意的手法将东方元素与国际时尚完美结合，追求“生态时尚，天人合一”的和谐之美；祁刚的作品，以“雕刻、精致、元素”的态度，用柔美的线条、随意的情调，细腻精妙的设计手法，演绎了奢华、精致、妩媚的女性形象；张志峰作为中国服饰文化的传承者，其品牌 NE · TIGER 不遗余力地重拾中国服饰中历久弥新的经典元素，萃取气势磅礴的中华服饰文化，结合简约、强调

民族与时尚的糅合，使作品充满了灵性与美丽。张肇达“时尚西双版纳”作品之一　2008 年（左）

曾凤飞作品　2012 年(中)

祁刚作品　2008 年(右)

王玉涛设计作品（左）

精致复杂的工艺、褶皱是殷亦晴的设计特点 2012年（中）

简洁利落的剪裁，优雅的造型 万一方作品 2013年虽然在礼服上剪掉了裙边和荷叶边，但保留了对勒紧腰部的紧身胸衣的信仰 沃斯作品（右）

立体廓形的国际流行趋势，引领国服文化的新风尚，并致力于中国奢侈品文明的复兴与新兴，以“融汇古今，贯通中西”的设计理念打造出NE · TIGER品牌“高贵、优雅、性感”的奢华风格。王玉涛的作品以“为人而设计，为生活而创作”，这是王玉涛设计最本质的诉求，他用男性设计师方能体会到的强度力量对比与女性柔美的潜在融合，使之与众不同。

也许我们仍为离巴黎、米兰、伦敦、纽约距离还太远，我们还没有培养出可以和一线国际品牌抗衡的本土品牌。但是我们的设计师以及设计师的创造力却并不输给他们，尤其是年轻的、新锐的设计师群体，他们的表现更是让人振奋。殷亦晴已加入法国高级定制，她的作品被法国时装写手们评价“把设计和现代艺术的意识形态结合在了一起”；王庆峰被评为2003年伦敦新锐设计师；以及伦敦Fashion Scout大奖的获得者万一方，她的作品以刚柔对比的自我节制、随性设计的谐性，被LADY GAGA选中为时装设计师。这些新锐设计师们已经显现出他们足够的实力，中国服装设计师已经走入世界时装舞台，中国服装走向世界的明媚春天已经到来，我们充满希望。

参考文献

1. 孔德明．中国服饰造型鉴赏图典．上海:上海辞书出版社,2007 年．
2. 刘元风、胡月．服装艺术设计．北京：中国纺织出版社．
3. 赵平、吕逸华、蒋玉秋．服装心理学概论．北京：中国纺织出版社，2006 年．
4. 华梅．中国服饰．北京：五洲传播出版社．
5. 华梅．服饰社会学．北京：中国纺织出版社，2004 年．
6. 包昌法、徐雅琴．服装学概论．北京:中国纺织出版社,2005 年．
7. 祁嘉华．中国历代服饰美学．西安：陕西科学技术出版社，1994 年．
8. 沈从文、王孖．中国服饰史．西安:陕西师范大学出版社,2004 年．
9. 袁仲一．秦兵马俑．北京:生活·读书·新知三联书店,2004 年．
10. 周锡保．中国古代服饰史．北京:中央编译出版社,2001 年．
11. 华梅．中国服装史．北京：中国纺织出版社，2007 年．
12. 张玉璞．论宋代文人的谪居心态．江西社会科学，2002 年第 8 期．
13. 高格．细说中国服饰．北京：光明日报出版社，2005 年．
14. 周迅、高春明．中国历代服饰．上海:学林出版社，1984 年．
15. 王东霞．从长袍马褂到西装革履．成都：四川人民出版社，2003 年．
16. 廖军、许星．中国服饰百年．上海:上海文化出版社,2009 年．
17. 李当岐．西洋服装史(第二版)．北京:高等教育出版社,2005 年．
18. 张竞琼、蔡毅．中外服装史对览．上海：中国纺织大学出版社，2000 年．
19. 冯泽民、刘海清．中西服装发展史（第二版）．北京：中国纺织出版社，2008 年．
20. 袁仄．外国服装史．重庆：西南师范大学出版社，2009 年．
21. 华梅．西方服装史．北京：中国纺织出版社，2004 年．
22. [荷]娜达·凡·登·伯格等．时尚的力量．经典设计的外延与内涵．韦晓强、吴凯琳、朱怡康、许玉铃译．北京：科学出版社，2014 年．
23. 王受之．世界时装史．北京：中国青年出版社，2002 年．
24. 包铭新、曹喆．国外后现代服饰．南京：江苏美术出版社，2001 年．
25. 余玉霞．西方服装文化解读．北京:中国纺织出版社,2012 年．
26. 朱和平．世界经典服装设计．长沙:湖南大学出版社,2010 年．
27. 李瑞华．20 世纪 60 年代文化思潮与电影．电影文学,2008 年．
28. 吴慧雯．试论后现代服饰艺术．艺术设计，2009 年．
29. 王玉萍．凝练东方哲学思想的艺术表现——中日代表性本土品牌服装的设计去向．论坛|FO RUM，2013 年．
30. 陈健．关于高级时装的价值与未来发展探讨，2001 年．
31. 臧迎春．从紧身胸衣到三寸金莲．装饰，2000 年．
32. 王展．紧身胸衣——人体的束缚和人性的解放．装饰,2007 年．

[illegible]，2014年。

[illegible] 王受之．世界现代设计史．北京：中国青年出版社，2002年。

[illegible] 杨裕富．[illegible]．南京：江苏美术出版社，200[illegible]年。

[illegible] [illegible]文化[illegible]．北京：中国[illegible]出版社，[illegible]年。

[illegible] [illegible]设计[illegible]．[illegible]出版社，20[illegible]。

[illegible] [illegible]．30世纪80年代[illegible]．电影文学，2008年。

[illegible] [illegible]．艺术[illegible]，2009年。

[illegible] [illegible]——[illegible]品牌服装的[illegible]，[illegible]

[illegible] [illegible]．关于[illegible]，2005年。

[illegible] [illegible]

[illegible]